FÉLINS

FÉLINS

Espèces - Mode de vie - Comportement

L'imprévu

Crédits photographiques

Toutes les images proviennent de OKAPIA KG,
Francfort, Allemagne
Photographie de couverture : © Fotolia

72, rue de Rochechouart - 75009 Paris

au sein de la VEMAG Verlags-und Medien Aktiengesellschaft
Emil-Hoffmann - Strasse 1, 50996 Cologne, Allemagne
www.vemag-medien.de

Auteur : Dr. Hans W. Kothe
Réalisation : InTexte Édition
Traduction de l'allemand : Dominique Taffin-Jouhaud

Imprimé en Pologne

ISBN : 979-10-295-0815-8
Dépôt légal : 2nd semestre 2018

Sommaire

Introduction

L'univers des félins

Il existe de substantielles différences entre les félins, puisque les plus petits mesurent tout juste 30 centimètres de long, et que les plus grands, comme les tigres, peuvent atteindre plus de trois mètres. Toutefois, les divers représentants de cette espèce animale appartiennent de toute évidence au même groupe. Ils présentent tous une belle fourrure douce aux couleurs magnifiques, des pattes rondes et lisses aux griffes acérées, de longues moustaches plantées sur une face généralement arrondie et courte, ainsi que de beaux yeux aux pupilles fendues ou rondes, lorsqu'elles sont rétrécies.

Les ancêtres des races actuelles appartenaient à l'espèce *Pseudaelurus*. Ils vivaient il y a vingt à neuf millions d'années, et avaient la taille de nos chats domestiques. Toutefois, ces félins ne furent pas les premiers de notre planète. Des animaux semblables étaient déjà présents il y a 35 millions d'années, parfois avec une taille impressionnante, comme le silodon, pourvu de dents puissantes (*voir* illustration page 8), mais ils ont disparu et ne sont pas apparentés aux chats que nous connaissons aujourd'hui.

Tous les profils qui nous sont familiers aujourd'hui sont regroupés au sein de la même famille, les félidés *(felidae)*, qui regroupe 40 espèces, réparties entre les petits félins (sous-famille des *felinae*) et les grands félins (sous-famille des *pantherinae*).

Les petits et les grands félins se différencient essentiellement par un os situé dans la gorge, appelé hyoïde, qui est plus ou moins rigide selon les espèces.

C'est par ce biais que la plupart des grands fauves comme le lion, le tigre, le jaguar ou le léopard peuvent rugir, alors que les petits félins n'en sont pas capables. En revanche, la taille n'est pas un critère important, ce qui peut paraître étonnant si l'on se réfère aux noms de « petits » et de « grands » félins. Le puma, qui est d'une belle taille (*voir* illustration page ci-contre), appartient par exemple aux petits félins, même s'il est plus imposant que le léopard des neiges, classé parmi les grands félins.

Les recherches menées grâce aux méthodes modernes n'accréditent que partiellement ces éléments, car on distingue aujourd'hui, le plus souvent, huit grandes lignées chez ces animaux. La lignée *panthera* regroupe le tigre, le lion, le léopard et le jaguar, tandis que la lignée des chats domestiques réunit, outre nos compagnons, les chats sauvages, les chats des sables, les chats des marais (manouls ou chats léopards) et les chats à pattes noires. Le guépard est un proche cousin des pumas et des jaguarondis, que l'on appelle aussi chats des pampas.

Des chasseurs doués

Tous les félins sont carnivores, ce qui signifie qu'ils se nourrissent de viande fraîche. Pour attraper leurs proies, les immobiliser et les mettre à mort, les félins sont dotés de griffes acérées et de mâchoires puissantes garnies de longues canines recourbées. Mais, avant de tuer le gibier, les félins doivent le trouver. Ils sont donc munis d'yeux performants et d'une ouïe très fine. Aussi, leur système tactile est particulièrement sensible et ils sont également dotés d'un bon odorat.

Acuité visuelle et auditive

Les félins ont de grands yeux qui couvrent un vaste champ visuel. De ce fait, ils sont toujours en train de surveiller ce qui se passe autour d'eux, et peuvent le faire sans tourner la tête, mouvement qui les trahirait pendant la chasse. Leurs yeux sont relativement rapprochés, ce qui leur permet de croiser le champ visuel de chaque œil et de bien évaluer les distances. Cette qualité est notamment requise lorsque les félins veulent attraper une proie en sautant sur elle, parce qu'ils doivent exactement calculer la puissance qu'ils doivent déployer dans leur mouvement.

De jour, les félins ne voient ni mieux ni moins bien que les autres animaux, ni même que les êtres humains. Dans l'obscurité cependant, les humains se débrouillent plus mal que la plupart des félins, car nombre d'entre eux chassent au petit matin ou au crépuscule. Cela tient au fait que leur rétine est six fois plus sensible que celle des humains.

Par ailleurs, on trouve derrière la rétine des félins une autre membrane réflexive que l'on appelle *tapetum lucidum*, et qui réfracte une seconde fois la lumière pénétrant dans l'œil. De ce fait, cet organe en tire un meilleur parti. C'est aussi cette membrane qui fait briller les yeux des chats dans le noir, si l'on braque sur eux une lampe de poche ou s'ils sont éclairés par les phares d'une voiture.

Pour limiter la quantité de lumière absorbée par la rétine, les chats peuvent rétrécir leurs pupilles afin que celles-ci s'adaptent aux conditions extérieures. C'est ainsi que les pupilles deviennent très étroites ou se réduisent à un simple point, laissant donc entrer moins de lumière. Quand les conditions de visibilité sont mauvaises, les pupilles s'élargissent démesurément. Elles trahissent également l'humeur de l'animal : elles s'agrandissent lorsqu'il a peur et se rétrécissent sous l'effet de la colère.

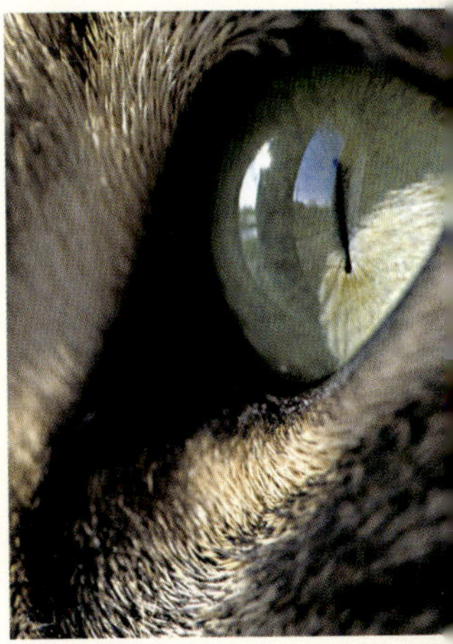

Souvent, les chats remarquent la présence d'une proie bien avant que celle-ci ne se manifeste devant eux. Ils doivent ce talent à leur ouïe très fine, qui leur permet d'enregistrer le plus petit froissement de l'herbe ou un bruit minuscule, alors que les humains ne remarquent rien.

Certaines espèces de félins détectent même les mouvements souterrains d'une proie et savent, de ce fait, qu'il est nécessairee d'attendre devant l'entrée d'un terrier pour la capturer. Afin de localiser la provenance d'un son, les félins peuvent désolidariser le mouvement de leurs oreilles vers sa source et les tourner dans des directions différentes, ce qui facilite beaucoup la localisation d'une éventuelle proie.

Toucher, sentir, goûter

Les vibrisses du chat, qui sont situées près des yeux, ainsi que les longues moustaches qui encadrent les babines ne manquent pas d'attirer le regard. De tels organes sensoriels réagissent à la moindre sollicitation, s'il y a mouvement, mais également aux vibrations de l'air qui entoure la proie, lorsque celle-ci est en mouvement, et bien sûr au contact avec un obstacle. C'est grâce à ces vibrisses que les félins parviennent à s'orienter lorsque la lumière est si faible que même les yeux les mieux exercés ne suffisent plus. Les poils sensibles sont également répartis entre le museau, les yeux, et il s'en trouve même sur les pattes de devant. L'odorat est moins développé chez les félins que chez les autres animaux prédateurs, comme les loups. Mais il joue un rôle important dans la reproduction. Les mâles peuvent sentir qu'une femelle est en chaleur à une très grande distance.

De la même manière, le marquage du territoire est chose évidente pour les chats.

Et ils utilisent leur sens développé de l'odorat pour explorer plus avant le corps d'une proie.

Il en va de la même façon pour l'organe du goût, que les félins utilisent, notamment, pour différencier les proies consommables de celles non consommables. Cela est nécessaire parce que les fauves ne mâchent pas longuement leur nourriture. Ils l'avalent rapidement, ce qui peut avoir des conséquences néfastes si la viande n'est pas fraîche. Pour vérifier la fraîcheur des aliments qu'ils consomment, les félins disposent de papilles disposées sur le bord et à la base de la langue. Par ailleurs, la langue joue un rôle essentiel dans le soin de la fourrure. Les chats passent énormément de temps à se lécher les poils, à y détecter d'éventuels corps étrangers, à en déloger la poussière et la saleté, ainsi que les poils morts qui tombent. Leur langue sert aussi à racler les restes de viande encore attachée aux os.

Se glisser près de la proie pour la saisir

Les grands félins comme les tigres sont munis d'une superbe fourrure qui impressionne l'observateur, en particulier lorsque l'animal se trouve hors de son milieu naturel, comme dans un zoo. À l'état sauvage, les fauves sont simplement en tenue de camouflage. Les couleurs et dessins de leur pelage les rendent presque invisibles, notamment lorsqu'ils se glissent entre les hautes herbes de la savane.

Si les travaux d'approche ont été couronnés de succès, la plupart des félins se saisissent de leur proie en sautant sur elle. Certaines espèces parviennent à effectuer des sauts de quatre mètres. Même si la distance est aussi grande, la précision du saut est telle que la prise est réussie dans près d'un cas sur deux.

Le guépard applique une tactique particulière de chasse, car il suit ses proies à la trace. À la différence, par exemple, de chasseurs appartenant à la race des canidés, le guépard chasse souvent en solitaire, ce qui le force à se passer de l'aide éventuelle de congénères, mais il réussit à attraper suffisamment de proies parce qu'il parvient à atteindre des pointes de vitesse allant jusqu'à 120 km/h : c'est le mammifère à quatre pattes le plus rapide. Cela lui permet de rattraper les antilopes les plus rapides à la course.

À de rares exceptions près, tous les félins peuvent rétracter leurs griffes à l'intérieur de membranes qui rendent leurs pattes lisses et silencieuses, notamment pour approcher la proie. Chez les guépards qui ne peuvent malheureusement rétracter leurs griffes, celles-ci servent à ancrer les pattes dans le sol pendant la course, comme les chaussures de sport des athlètes, ce qui contribue à améliorer la vitesse.

Les très grands félins disposent de puissantes mâchoires dotées de longues dents qui se plantent profondément dans la chair des proies et les immobilisent. Bien souvent, ces grands félins saisissent le gibier à la nuque, brisent leur colonne vertébrale, ce qui à pour but de paralyser la prise. Quand un félin perd ses canines ou les casse, il est bien souvent condamné à mourir de faim. En outre, les fauves ont des incisives acérées qui leur permettent de déchirer les fibres de la viande.

Tous les félins sont capables de grimper dans les arbres, même si les tigres et les lions accusent un poids important et s'ils doivent regarder de près l'arbre qui les

supportera, pour savoir si les branches résisteront à l'impact. Il arrive également de voir des léopards attraper des singes dans les arbres, alors qu'il s'agit pourtant d'animaux agiles qui peuvent grimper assez haut. Lorsqu'un léopard se saisit d'une proie au sol, celui-ci va généralement la mettre en lieu sûr dans un arbre, afin que les hyènes et autres charognards de la savane ne viennent pas la lui voler. Il est capable de hisser le long du tronc des proies qui sont plus lourdes que lui. Les chats à longue queue qui sont natifs d'Amérique du Sud figurent parmi les meilleurs grimpeurs de leur race. Non seulement ces chats sont capables de traîner très rapidement leur proie en hauteur, mais ils savent également descendre de l'arbre la tête en bas. Cette capacité à descendre la tête en bas est une de leurs singularités car, par rapport aux autres animaux, la plupart des félins sont plutôt lents dans leur ascension et ils redescendent en mettant les pattes arrière en premier. Nos chats domestiques ont la réputation d'avoir peur de l'eau. Toutefois, cette supposition

ne se vérifie pas pour nombre d'autres félins. Ainsi le jaguar est un excellent nageur qui chasse très souvent dans les marais, les lacs et les fleuves, en jetant son dévolu sur des caïmans ou des poissons. Les tigres vont parfois jusqu'à nager dans un bras de mer pour gagner des îles proches et y chasser.

Des mères attentionnées

La plupart des félins sont des chasseurs solitaires qui ne fraient avec leurs congénères qu'à des fins de reproduction. Cependant, les lions, qui forment des troupes constituées de femelles apparentées et de leurs petits, constituent une exception. Souvent, le guépard vit également en petits groupes. Toutefois, chez les autres fauves, mâles et femelles ont leur territoire séparé. Lorsque le moment de la reproduction est venu, les femelles laissent des traces odorantes que les mâles peuvent facilement suivre. Parfois, les femelles rugissent pour appeler les mâles.

Souvent, plusieurs mâles répondent à cet appel olfactif ou vocal. Et il n'est pas rare que des combats s'ensuivent entre les mâles pour obtenir les faveurs de la femelle. Ces combats peuvent également être très sanglants voire entraîner la mort. La meute est généralement dominée par un seul mâle qui règne sur toutes les femelles.

Presque tous les petits naissent aveugles, ce qui les rend totalement dépendants dans les débuts de leur vie. Souvent, ils ouvrent les yeux au bout de dix jours environ, mais la mère doit continuer à s'occuper d'eux de manière active. Normalement, les petits viennent au monde dans un lieu protégé et retiré, dans une caverne ou un refuge souterrain. La mère consent de gros efforts pour les laver, afin que les autres prédateurs, notamment les hyènes ne les repèrent pas à l'odeur.

En outre, la mère change souvent de cachette, pour plus de sécurité vis-à-vis de ces petites boules de poils inoffensifs. Elle transporte précautionneusement les petits, un par un, d'une cachette à une autre, en les tenant par la peau du cou.

Normalement, les petits ont un pelage tacheté ou tigré à la naissance. Ce principe est également respecté chez les animaux qui ont un pelage uni à l'âge adulte, comme c'est le cas pour les pumas ou les lions.

Seule la mère est responsable de l'élevage des lionceaux, puisque le père s'éloigne juste après l'accouplement. Chez les lions qui vivent en communauté, plusieurs lionnes peuvent s'occuper des petits de l'une de leurs congénères, et il arrive également qu'elles les nourrissent si elles ont elles-mêmes une portée. Quant aux mâles, ils supportent patiemment les nombreux jeux et agaceries des petits lionceaux qui ne manquent pas de les attraper par la queue ou de s'accrocher à leur crinière.

Chez les autres espèces de félins, la mère doit généralement se débrouiller seule afin de subvenir aux besoins de nourriture de sa progéniture et de la protéger. C'est également à la mère d'apprendre à ses petits les rudiments de leur future vie de félins, ce qu'ils doivent manger, comment ils doivent chasser et tuer leurs proies. Elle leur montre également de qui ils doivent se méfier. Vers la fin de leur apprentissage, les petits doivent déjà être de bons chasseurs. En effet, lorsque leur mère sera de nouveau en chaleur, il leur faudra quitter le territoire et subvenir de manière autonome à leurs propres besoins.

Humains et félins

Le contact étroit qui lie les humains et les félins se perpétue depuis des milliers d'années dans la plupart des régions du monde. Des archéologues ont en effet trouvé des traces de la présence de chats dans des habitations humaines datant d'il y a environ 9 000 ans, au cœur d'une oasis située à l'ouest de la Jordanie actuelle. Et à partir du VIe siècle de notre ère, des statues et des représentations figuratives de chats ont été façonnées par des humains qui s'intéressaient à ces animaux.

Culte des chats et mythes félins

Les félins, et plus particulièrement les chats, étaient extrêmement révérés dans l'Égypte des pharaons. La déesse Bastet, préposée à la protection de la maison et de ses dépendances, mais également des mères et des enfants, était toujours représentée avec une tête de chat. De même la déesse Sekhmet de la guerre et des maladies avait la tête d'un lion. Par ailleurs, le célèbre sphinx de Gizeh, taillé dans la pierre sur une hauteur de 20 mètres pour une longueur de plus de 70 mètres et une largeur de 14 mètres, à proximité des grandes pyramides, il y a plus de 2 500 ans, possédait un corps de lion associé à une tête humaine.

Dans l'Égypte ancienne, les chats qui mouraient étaient souvent embaumés. De plus, il n'était pas rare qu'ils soient enterrés à côté d'une souris, elle-même momifiée. Fréquemment, les propriétaires de chat se rasaient les sourcils en signe de deuil. Celui qui tuait volontairement un chat était passible de la peine de mort immédiate.

Mais la mythologie grecque n'est pas en reste, elle aussi riche en représentations félines. Artémis, la déesse de la chasse, est souvent représentée en compagnie de lions, et les portes de la ville de Mycènes, qui datent de l'âge de bronze, étaient ornées de deux puissants lions. Le héros grec Héraclès (Hercule) dut, parmi ses douze travaux, tuer le terrible lion de Némée, jusqu'alors invaincu, afin de lui prendre sa fourrure qui rendait quasiment invincible celui qui la portait.

Dans les pays nordiques également, les félins jouèrent un rôle important dans les sagas. Freyja, déesse germanique de la fécondité, se déplaçait dans un char tiré

par des chats sauvages (ou selon les versions par des lynx). En Finlande, on croyait que les âmes des morts étaient emportées au ciel dans un traîneau tiré par des félins.

Dans la Rome antique, les gladiateurs affrontaient des lions en combats singuliers, mais on utilisait également ces animaux pour infliger des peines capitales.

L'histoire la plus connue est celle de Daniel dans la fosse aux lions, racontée par l'Ancien Testament. Daniel avait été jeté aux lions à Babylone, parce qu'il avait refusé de renier son dieu. Avec l'aide divine, Daniel avait survécu à cette épreuve, ce qui devait être particulièrement rare, car on faisait normalement jeûner les lions, avant de leur livrer des êtres humains en pâture.

Néanmoins, le roi des animaux eut aussi à pâtir des hommes qui recherchaient sa fourrure afin de mieux affirmer leur pouvoir. Henri Welf (1129-1195), duc de Saxe dit le Lion, fut l'un des seigneurs les plus puissants du XIIe siècle en Allemagne, et revendiqua ces attributs, tout comme le célèbre Richard Cœur de Lion. Par ailleurs, les armes du royaume du Danemark sont ornées de trois lions, et de nombreux États de l'Allemagne actuelle ont intégré cet animal à leur blason. C'est le cas notamment de la Bavière, de la Hesse ou de la Thuringe. Dans d'autres contrées, les humains laissèrent courir leur imagination à propos des lions, sur-

tout lorsqu'ils en avaient dans leur pays. Par exemple, les habitants primitifs de la forêt tropicale humide, en Amérique latine, ont choisi le jaguar comme symbole du chaman. Cet homme-médecine, qui porte souvent la fourrure de ce félin, est censé prendre contact avec le monde des esprits pour guérir ses congénères de diverses maladies. À cette occasion, il se transforme en jaguar. Les Mayas révéraient un dieu qui présentait la forme d'un jaguar et, chez les Aztèques, au Mexique, les soldats du plus haut rang portaient également des fourrures qui leur donnaient la force et l'habileté, de même que le courage du fauve dont ils arboraient les couleurs.

Un tigre respecté et craint

Les hommes semblent entretenir une relation plus distanciée avec le tigre, qui est le plus grand de tous les félins. Cela n'est guère étonnant, car ces animaux mesurent parfois plus de trois mètres de hauteur et pèsent plus de 300 kg. Ils peuvent tuer un être humain sans aucune difficulté. De ce fait, dans la plupart des régions où ils sont répandus, par exemple en Inde, dans le Sud-Est asiatique et en Chine, ils font l'objet d'une grande crainte. Si les chiffres sont exacts, au début du XXe siècle, ils tuaient jusqu'à 800 personnes tous les ans en Inde. Il est également dit que lorsqu'un tigre a goûté à la chair humaine, il se met en quête d'une autre proie du même genre.

Dans de nombreux pays du monde, il était quasiment impossible de se protéger des grands fauves. C'est ainsi que dans les temps jadis, les maharadjahs d'Inde chassaient le tigre alors que leurs sujets n'avaient pas le droit de s'en défendre. En guise de bouclier, bien des hommes qui travaillaient dans les forêts portaient derrière leur tête un masque de tigre qui devait effrayer l'animal tenté de les attaquer par-derrière.

Un trophée de chasse

Lorsque l'Inde est devenue une colonie britannique, a commencé une terrible chasse au tigre qui correspondait à une sorte de passe-temps glorieux pour les Européens qui, protégés sur le dos d'un éléphant, pouvaient chasser les animaux rabattus par d'autres, tirer un coup de fusil et réclamer la peau de la bête comme trophée. C'est ainsi que le nombre des grands fauves a rapidement décru dans toute la région. En 1930, il restait en Asie 100 000 tigres, et dix ans plus tard, ils n'étaient plus que 40 000. Au début des années 1970, le nombre des tigres s'est réduit à 2 000 individus.

Toutefois, les tigres n'étaient pas les seuls grands félins qui attiraient la convoitise des humains peu scrupuleux. Les lions, les léopards, les guépards, les pumas ainsi que les jaguars ont été tués par milliers pour le plaisir des chasseurs. En l'espace de dix ans, le nombre des lions africains a été décimé, passant de 200 000 individus à 20 000 individus. Beaucoup d'autres grands et petits félins ont fini en trophées.

Le commerce des fourrures

C'est le jaguar qui a eu le plus à souffrir de l'intensification du commerce des peaux. Ces magnifiques animaux ont été massacrés à tel point que l'on a pu redouter leur extinction définitive en Amérique du Sud. La vente des fourrures de jaguars et d'autres grands félins a été très sévèrement limitée par les accords de Washington en 1973. Plus de 170 États les ont signés, afin de protéger un certain nombre d'espèces animales et végétales menacées. Ainsi, le cheptel de nombreuses régions a commencé à se reconstituer. En outre, les professionnels de la mode ont fini par comprendre que les femmes ne devaient plus forcément porter un manteau de jaguar pour avoir l'air séduisantes. D'après les estimations, la population des jaguars serait remontée à un niveau de 15 000 individus.

Malgré tout, tous les ans, beaucoup d'animaux restent victimes des braconniers. Les fourrures rapportent énormément d'argent au marché noir. C'est le cas pour de nombreux petits et grands félins, notamment l'ocelot sud-américain qui a presque disparu, parce que sa fourrure est très recherchée.

Félins et « remèdes »

Les félins ne souffrent pas seulement de leur beauté. Certains remèdes traditionnels, conçus notamment par la médecine chinoise, attribuent des vertus thérapeutiques aux organes d'animaux sauvages, en leur prêtant notamment des attributs qui stimulent la virilité. Il est question par exemple du « vin de tigre », que l'on concocte à partir d'os de tigre et d'alcool de riz. Ce remède est censé soigner les rhumatismes, les névrodermites et l'arthrite, tandis que les griffes de tigre, réduites

en poudre, donneraient de la vigueur sexuelle. Certaines amulettes et porte-bonheur sont fabriqués avec des dents ou des griffes de grands félins. Elles restent demandées par certaines catégories de la population, friandes de l'image de pouvoir qui est véhiculée par ces attributs de grands félins.

La menace sur l'espace naturel

Désormais, tous les grands félins et certains petits félins sont protégés dans tous les pays du monde. Mais de nombreuses espèces continuent de régresser. Cela tient au fait que leur espace naturel se rétrécit. Les grands félins ont souvent besoin de vastes territoires pour survivre. Le jaguar, natif d'Amérique du Sud, a vu son territoire se réduire de moitié au cours des dernières décennies. Comme dans certaines régions, cet animal a besoin d'environ 150 kilomètres carrés pour trouver sa nourriture, il est facile de comprendre pourquoi il continue à dépérir.

Les fauves des sous-espèces sont particulièrement menacés. C'est le cas notamment du tigre du sud de la Chine *(Panthera tigris amoyensis)*, qui est probablement éteint à l'état sauvage, même s'il reste une petite chance pour que certains individus existent encore. D'autres espèces sont déjà éteintes, comme celle du tigre de la mer Caspienne *(Panthera tigris virgata)*, dont le dernier spécimen a été vu dans les années 1970, ou le tigre de Java *(Panthera tigris sondaica)*, éradiqué dans les années 1980. D'autres petits félins pourraient connaître un sort similaire à plus ou moins long terme. Le chat doré de Bornéo *(Catopuma badia)*, qui ne mesure que 60 centimètres, est concerné. Cette race de félin, que l'on ne trouve qu'à Bornéo, est devenue extrêmement rare, et d'aucuns pensaient qu'elle avait déjà disparu. Toutefois, quelques spécimens en ont encore été aperçus, par miracle, et l'on espère désormais sauver l'espèce.

Comme pour la plupart des autres félins, des mesures d'enfermement ont été prises pour les protéger : on peut penser que certains de ces magnifiques animaux pourront être préservés, pour que nos enfants puissent se réjouir de les voir vivre.

Petits félins

Les petits félins (sous-espèce des *Felinae*) constituent le groupe le plus important de la famille des félins, à laquelle appartiennent exactement quarante espèces, dont celles des chats sauvages *(Felis silvestris)* avec leurs trois sous-familles, dont l'une a donné nos chats domestiques. Le concept de « petit félin » peut être trompeur, car on ne trouve pas seulement des espèces de petite taille, comme le chat à pattes noires, à l'intérieur de cette catégorie. Certains sujets, en effet, présentent une longueur de 35 cm, mais le puma *(Puma concolor)* peut mesurer jusqu'à deux mètres de longueur. Cependant, tous ces animaux présentent une caractéristique commune : un petit os situé à la base de la langue, qui est complètement rigidifié. De ce fait, ils peuvent ronronner en inspirant et en expirant, alors que les grands félins (sous-famille des *Pantherinae*) peuvent seulement le faire sur l'expiration.

Si l'on excepte l'Australie et l'Antarctique, les petits félins sont chez eux sur tous les continents. Ils y occupent des espaces naturels de types très diversifiés, notamment des déserts et des zones de très hautes montagnes. Dans de nombreuses régions où ils sont apparus, les petits félins sont devenus très rares, et bien souvent, ils ont été placés sous haute protection.

Guépard

NOTICE BIOLOGIQUE

Nom scientifique
Acinonyx jubatus

Sous-famille
Petits félins *(Felinae)*

Origine
Afrique et Asie occidentale

Espace naturel
Régions de hautes herbes, biotopes à végétation en bosquets

Taille
1 m à 1,5 m de longueur, et jusqu'à 80 cm au garrot

Poids
20 à 70 kg

Alimentation
Surtout des mammifères de petite taille et de taille moyenne

Le guépard se différencie de tous les autres membres de la famille des félins par certaines caractéristiques importantes, qui l'ont pendant un temps classé dans une sous-famille particulière, celle des *Acinonychinae*. Le guépard présente notamment des spécificités anatomiques dans la conformation de son crâne, de sa mâchoire, de ses pattes et des griffes. Il est en effet le mammifère terrestre à quatre pattes le plus rapide de la planète. Le comportement du guépard à la chasse est particulier, car il poursuit ses proies à la course, alors que les autres félins s'approchent le plus possible du gibier et sautent sur lui après un sprint assez court.

Certaines recherches biologiques sur la structure des cellules du guépard ont montré que cet animal se rapprochait énormément du puma *(Puma concolor)* et du chat des pampas *(Puma yaguarundi)*. De ce fait, il est désormais classé dans la famille des petits félins.

Le guépard est considéré comme le mammifère le plus rapide de la terre parce qu'il est capable d'atteindre une vitesse de près de 120 km/h. Il est possible que les formes longilignes de son corps et sa colonne vertébrale particulière-

ment élastiques l'aident en cela, d'autant qu'il possède des muscles très longs, des poumons d'une grande capacité et des pattes extrêmement longues.
En outre, les traces du guépard sur le sol révèlent que ces griffes ne sont pas rétractiles. Il peut les utiliser comme des crampons, un peu comme les footballeurs, pour assurer son équilibre et parvenir à ses incroyables prestations de coureur.

Guépard

La fourrure est généralement beige et parsemée de points noirs. La tête du guépard est, de manière caractéristique, ronde et striée de rayures noires.
L'espace naturel du guépard est constitué de savanes sèches où vivent de nombreuses gazelles et antilopes, qui composent l'essentiel de son menu. Pour la chasse, il applique une tactique qui le différencie clairement des autres félins. Alors que ces derniers rampent pour s'approcher de leur proie, avant de sauter sur elle, les guépards poursuivent le gibier et cherchent à le rattraper. Toutefois, ils font preuve de prudence pour s'approcher à une distance de 20 à 100 mètres. C'est alors qu'ils bondissent pour suivre la proie qui fuit. En quelque trois secondes, cet élégant animal peut atteindre une vitesse de 90 km/h et, bien souvent, il parvient à rattraper le fuyard et à le tuer.
Durant cette course-poursuite, le corps du guépard est tendu comme un arc. Les pattes arrière s'élancent loin devant les pattes avant, et la queue tendue sert à assurer l'équilibre. Lorsqu'il a rattrapé sa proie, il la frappe à l'aide de ses pattes avant pour la faire tomber et la saisit à la gorge. S'il ne la rattrape pas au bout de quelques centaines de mètres ou si sa tentative échoue, il abandonne son projet. Alors que les autres félins chassent de nuit, le guépard chasse de jour. Ses proies de prédilection ne sont pas les seules grandes gazelles et antilopes, mais aussi les lièvres, les rongeurs ou les oiseaux. Il est plus rare qu'il s'attaque aux grands mammifères comme les zèbres ou les gnous. Lorsque le guépard a réussi à attraper et à tuer une proie, il s'accorde un court répit pour reprendre son souffle et s'attaque alors au ventre de sa victime, dont il mange les organes.

Fréquemment, les guépards manquent leur cible, parce que des animaux plus puissants comme des lions ou des léopards, ou des animaux qui chassent en groupe, comme les hyènes, viennent les leur voler. Dans ce cas, les guépards cèdent généralement très vite le terrain, car ils n'ont guère de chances de s'imposer devant les autres fauves. Ils risquent d'être blessés, voire de perdre la vie. Chez les guépards adultes, la perte d'une proie n'est pas problématique, car il leur suffit de tuer du gibier tous les deux à cinq jours. Les femelles souffrent davantage quand elles doivent nourrir leur portée. Il faut qu'elles trouvent fréquemment à manger, pour que les petits guépards ne meurent pas de faim.

Alors que la majorité des autres félins restent solitaires en dehors de la période de l'accouplement, les guépards restent rarement seuls. Les femelles restent longtemps avec leurs progénitures, et il arrive régulièrement que les mâles restent longtemps avec leurs frères et sœurs. Seules les femelles qui n'ont pas de petits vivent en solitaire. Les femelles et les groupes constitués de mâles se créent des territoires qui peuvent couvrir une superficie atteignant 100 km^2. Ils sont délimités par des marques olfactives qui sont respectées par les congénères. Peu de contestations surgissent, mais si c'est le cas, les batailles peuvent être sanglantes.

Au moment de la reproduction, les mâles seuls cherchent les territoires des femelles seules pour aller s'y accoupler avec elles. Les petits naissent après une gestation d'environ trois mois . En règle générale, la portée regroupe jusqu'à cinq petits de couleur beige gris, dont la fourrure est particulièrement longue au niveau du dos. Le jour de leur naissance, les petits guépards ne pèsent que 250 grammes environ, mais ils grandissent vite et accompagnent leur mère à la chasse dès l'âge de quatre mois. Celle-ci leur apprendra tout ce qu'ils devront connaître dans leur vie future.

Guépard

Au cours de ses premiers mois d'existence, le jeune guépard est particulièrement menacé par les autres fauves, notamment par les lions, qui essaient régulièrement de trouver des proies sur leur territoire. Et si un grand félin adulte ne menace pas souvent un guépard adulte, il en va autrement pour les petits guépards. Lorsque les femelles s'éloignent pour aller à la chasse et qu'elles laissent leur portée sans aucune protection, celle-ci est parfois repérée par un lion qui n'hésite pas à la dévorer. Par ailleurs, les hyènes s'attaquent fréquemment aux petits guépards et les mangent.

Guépard

Jadis, les guépards disposaient d'un vaste espace naturel qui s'étendait de la Méditerranée jusqu'à l'Afrique du Sud, et ils étaient présents partout, sauf à l'intérieur du Sahara et dans les forêts tropicales humides, de la péninsule Arabique jusqu'en Inde. De nos jours, on ne les trouve pratiquement plus que dans les zones protégées, au sud du Sahara, alors que dans de nombreuses régions où cette race était très répandue, notamment dans certaines parties de l'Inde, ils ont disparu depuis longtemps.

L'une des raisons de cette disparition tient au fait que le guépard a été un gibier très apprécié lors de grandes chasses, de sorte que de très nombreux spécimens ont été abattus. Par le passé, même les zoos devaient puiser dans le cheptel sauvage, parce que, pendant très longtemps, il a été impossible de garder de grands félins en captivité (il n'y a que soixante ans environ qu'ils se sont acclimatés).

Toutefois, le plus grand problème réside dans le fait que l'espace naturel des guépards s'est rétréci au fil du temps, parce que de nombreuses régions dont ils avaient fait leur territoire ont été cultivées ou sont devenues des pâturages. Dans ce cas, les guépards ont été considérés comme des menaces pour le bétail, ils ont été chassés et tués sans merci.

Les zoos et les parcs naturels n'étaient pas les seuls à puiser leurs animaux dans la nature. Étant donné que les guépards étaient relativement faciles à apprivoiser, ils ont été utilisés dès les temps anciens, notamment par les Sumériens et les Égyptiens, pour servir d'assistants à la chasse. Ainsi, le célèbre explorateur Marco Polo, qui visita Kubilaï, roi de Mongolie, raconta que le puissant Khan avait en sa possession près de mille guépards. Ceux-ci étaient amenés, selon les besoins, sur les lieux des chasses, puis lâchés dans la nature. S'ils parvenaient par exemple à saisir une antilope, les chasseurs se précipitaient et leur prenaient la proie, après leur avoir laissé les entrailles de la prise.

Par ailleurs, les têtes couronnées de divers pays européens détenaient parfois des guépards. Ce fut le cas de l'empereur Léopold Ier qui, de temps en temps, envoyait en éclaireur ces félins rapides lorsqu'il souhaitait chasser le lièvre et les grands cervidés. Pendant un temps, les personnalités et certaines stars de cinéma se promenaient en compagnie de guépards apprivoisés qu'elles tenaient en laisse. Heureusement, cette mode n'est plus de mise. Aujourd'hui, il reste, selon les estimations, environ 7 000 guépards, dont la plupart sont concentrés en Namibie. En Asie, il en reste un nombre infime, particulièrement en Iran.

Caracal

NOTICE BIOLOGIQUE

Nom scientifique
Caracal Caracal

Sous-famille
Petits félins *(Felinae)*

Origine
Afrique et une partie de l'Asie

Espace naturel
Forêts sèches, steppes, savanes et régions semi-désertiques

Taille
60 cm à 90 cm longueur et jusqu'à 45 cm au garrot

Poids
10 à 18 kg

Alimentation
Surtout des petits rongeurs et des oiseaux, parfois les petits de mammifères plus gros

Le caracal est également appelé lynx du désert, parce qu'il ressemble en certains points à un lynx (espèce *lynx*), notamment grâce aux touffes de poils longs qui surmontent ses oreilles. Toutefois, cette espèce n'est en rien apparentée au lynx. Le caracal n'est pas uniquement présent dans les régions désertiques, mais également dans les différents biotopes secs, les régions semi-désertiques, les steppes, les savanes à buissons épineux, les forêts sèches ainsi que les biotopes montagneux secs dont les sommets atteignent jusqu'à 3 000 mètres d'altitude. Dans les déserts de sable comme le Sahara, le caracal est en revanche absent, tout comme dans les forêts tropicales humides du centre du continent africain.

La fourrure de ce bel animal est généralement rousse à brune, ou dans des tons sable. Le menton, la gorge ainsi que le ventre sont blancs. En outre, le caracal présente des rayures noires qui descendent des yeux jusqu'au museau et possède des pattes arrière un peu plus longues que les pattes avant. Les oreilles du caracal, grandes, caractérisées par les toupets qui les prolongent verticalement, sont noires sur leur bord externe, et c'est de cette particularité que vient le nom de ce félin. En effet, « caracal » vient de l'expression turque *kara kulak* qui signifie « tube noir ».

L'espace naturel de ce joli félin s'étend de l'Inde au Pakistan et à l'Iran, jusqu'à la mer d'Aral. En outre, on trouve le caracal dans de nombreuses régions d'Afrique.

Normalement, le caracal vit et chasse en solitaire sur un territoire qu'il délimite à l'aide de marques olfactives. Toutefois, les territoires de plusieurs individus se chevauchent souvent. Il peut s'agir de mâles ou de femelles, mais ceux-ci parviennent généralement à se repérer dans le labyrinthe des marques olfactives.

La taille des territoires peut varier considérablement. Certains sujets couvrent une superficie de 200 km^2, alors que d'autres se contentent d'environ 50 km^2. Cela est un phénomène courant, car la taille du territoire dépend de la quantité de nourriture disponible. Chez le caracal, d'autres facteurs semblent aussi jouer un rôle. On a en effet constaté que même les territoires présentant un gibier sensiblement équivalent pouvaient varier considérablement en taille.

Au cours des mois d'été, les caracals chassent normalement la nuit et restent cachés le jour dans des failles rocheuses, sous des buissons épais, dans des troncs creux ou dans la cachette d'un porc-épic, par exemple. En revanche, les mois d'hiver, on voit parfois les caracals sur la piste d'un gibier le matin ou le soir. Étant donné que l'eau manque souvent dans leur espace naturel, les caracals couvrent une grande partie de leurs besoins en eau par la consommation de la viande de leurs proies. De ce fait, ces animaux peuvent survivre longtemps sans boire.

Parmi les mets de prédilection du caracal, on trouve divers rongeurs, des lièvres, des damans de rocher, des antilopes naines et les petits de races d'antilopes ou de gazelles de plus grande taille. Les sujets adultes sont parfois poursuivis, et les caracals n'hésitent pas à s'attaquer à proie beaucoup plus grosse qu'eux. C'est pour cette raison que dans les régions où ils sont encore répandus, ils ont été surnommés « les petits lions », en raison de l'intrépidité de leurs pratiques de chasse.

Par ailleurs, les caracals sont également connus pour leur capacité à attraper des oiseaux en plein vol. Ils sont susceptibles de faire des bonds allant jusqu'à trois mètres de haut pour saisir leur proie entre leurs pattes et la faire tomber sur le sol. Lorsqu'ils s'attaquent à tout un vol, ils réussissent parfois, en un seul saut, à attraper plusieurs oiseaux d'un coup.

Les caracals sont de remarquables grimpeurs, et d'excellents sprinters mais sur des distances relativement courtes. Normalement, ils rampent vers leur proie

avant de sauter sur elle. Dans certaines régions, malheureusement, les caracals se sont attaqués de manière continue aux chevreaux et aux agneaux, de sorte qu'ils ont été massacrés sans merci par les éleveurs. Dans certaines parties de l'Inde et d'autres pays, ils sont devenus très rares.

À la période des amours, les mâles trouvent généralement leur partenaire grâce aux marques olfactives que produisent les femelles en état de procréer. La gestation dure de 70 à 80 jours. La portée réunit jusqu'à quatre petits qui ont déjà le petit toupet noir au bout des oreilles. Au départ, les petits caracals sont totalement dépendants et incapables de se débrouiller, de sorte que la mère doit s'occuper d'eux pendant plusieurs mois. Vers l'âge d'un an seulement, les petits deviendront autonomes et pourront la quitter. Les jeunes mâles se battent souvent pour acquérir leur propre territoire.

Caracal

Les femelles créent souvent leur terrain de chasse à proximité du lieu de naissance des petits, et il n'est pas rare que le territoire de ces derniers recoupe celui de leur mère. Le caracal n'atteint véritablement son âge adulte que vers deux ans. Il n'est pas facile de savoir quelle est la durée de vie de ces animaux dans la nature, mais dans les zoos, certains sujets ont atteint l'âge de vingt ans. Étant donné que le caracal se laisse relativement facilement apprivoiser, il a été utilisé dans les temps jadis pour la chasse de gibier à plumes, de lièvres et d'antilopes, surtout en Inde et en Iran.

Chat doré asiatique

NOTICE BIOLOGIQUE

Nom scientifique
Catopuma temminckiii

Sous-famille
Petits félins *(Felinæ)*

Origine
Asie du Sud-Est

Espace naturel
Forêts tropicales humides mais aussi forêts sèches et terrains rocailleux avec buissons

Taille
75 cm à 105 cm de longueur, et jusqu'à 50 cm au garrot

Poids
8 kg à 16 kg

Alimentation
Petits rongeurs et oiseaux

Le chat doré asiatique présente souvent une fourrure gris-brun à dorée, mais il existe aussi des sujets bruns ou complètement noirs. L'une des caractéristiques principales de cet animal réside dans la rayure qui traverse la face. Dans certaines régions du monde, les chats dorés ont le pelage tacheté. Ces félins noctambules vivent principalement dans les forêts et sont de remarquables grimpeurs, mais ils préfèrent généralement rester au niveau du sol pour chasser. C'est là qu'ils trouvent les souris et les rats, mais aussi les oiseaux et les petits de grands mammifères. En outre, ils mangent parfois des lézards et d'autres reptiles. Depuis la destruction massive des forêts tropicales humides, le nombre de ces beaux animaux s'est considérablement amenuisé au fil des ans. Comparés à nos chats domestiques, ils sont à peu près deux fois plus gros en taille. Par ailleurs, les chats dorés asiatiques sont toujours chassés et consommés dans certaines parties de la Chine. On utilise leurs os pour la préparation de remèdes de la médecine chinoise traditionnelle. Cette espèce est donc menacée. Heureusement, il est possible d'élever ce type de chat dans des zoos, et de nombreux programmes de protection ont permis de sauver des animaux qui ont ensuite été remis en liberté.

Chat doré asiatique

Une espèce apparentée, dont la longueur n'excède toutefois pas 60 centimètres, existe à Bornéo. Il s'agit du chat doré de Bornéo *(Catopuma badia)*. On ne la trouve que dans cette région et elle fait partie des espèces les plus rares de petits félins. Les experts ne disposent que de très peu d'informations sur son comportement et son mode de vie. Comme il y a de nombreuses décennies que l'on n'a plus aperçu ni capturé cet animal, on le croyait disparu. À la fin du siècle dernier toutefois, quelques individus ont été repérés et l'un d'entre eux a été capturé. Il s'agissait d'un chat doré malade et très amaigri, qui n'a malheureusement pas survécu.

Chaus

NOTICE BIOLOGIQUE

Nom scientifique
Felis chaus

Sous-famille
Petits félins *(Felinæ)*

Origine
Asie et Afrique du Nord

Espace naturel
Marais et autres zones humides

Taille
55 cm à 75 cm de longueur, et jusqu'à 50 cm au garrot

Poids
5 kg à 12 kg

Alimentation
Surtout de petits mammifères et des oiseaux

L'espace naturel du chaus s'étend de la Thaïlande à l'Inde, en passant par le Proche-Orient et la Haute-Égypte. Cet animal mince, d'un beige-gris à doré, hante surtout les marais et les abords de forêts, les bords de rivières et les prairies détrempées. Il aime particulièrement fréquenter les espaces humides. Ce petit félin se nourrit de rongeurs et d'oiseaux aquatiques, mais également de reptiles et de grenouilles.

Les chaus, qui sont d'excellents nageurs, recherchent les biotopes humides. Ils sont dotés d'une queue très courte. Ils ont aussi de petits toupets au niveau des oreilles, et c'est pourquoi on les appelle également chats des marais. En réalité, les chaus ne sont pas apparentés aux lynx. On les aperçoit exclusivement dans les zones humides, mais parfois dans d'autres types de régions, et même aux abords de village, où ils recherchent des souris et des rats dans les récoltes de céréales. En outre, il leur arrive de s'attaquer aux volailles élevées par les humains.

La portée des chaus réunit trois à cinq petits qui sont généralement mis au monde et élevés dans des ornières ou des cavités souterraines, sous un buisson ou dans une zone sèche. Au départ, les jeunes félins sont clairement tigrés, mais ils perdent le motif de leur pelage en grandissant.

Manoul

NOTICE BIOLOGIQUE

Nom scientifique
Felis manul

Sous-famille
Petits félins *(Felinæ)*

Origine
Asie centrale

Espace naturel
Steppes et biotopes rocailleux

Taille
50 cm à 65 cm de longueur, et jusqu'à 30 cm au garrot

Poids
2,5 kg à 4,5 kg

Alimentation
Rongeurs, pikas des steppes et parfois des poules des steppes

Cet animal qui donne l'impression d'être assez dodu, et pour lequel on a créé une espèce appelée *Otocobulus*, est le félin qui a le poil le plus long du monde. Étant donné que les manouls possèdent une fourrure particulièrement épaisse, de couleur beige à rousse, et souvent dotée de reflets argentés, ils sont armés pour vivre dans des régions au climat rude. On les trouve par exemple dans les steppes d'Asie centrale, perchées à une grande altitude, mais également sur les pentes de montagnes allant jusqu'à près de 5 000 mètres d'altitude, où souffle en hiver un vent glacé. Ce petit fauve au corps compact, court sur pattes, se caractérise par une tête large, des oreilles petites placées bas sur le crâne, et des moustaches particulièrement longues. Les manouls se nourrissent principalement de rongeurs, mais aussi de pikas des steppes et d'autres petits mammifères de la taille d'un cochon d'Inde, qu'ils traquent et trouvent généralement au crépuscule ou la nuit. Ils passent leurs journées à dormir dans un lieu bien abrité, dans un trou de marmotte, ou une anfractuosité de rocher. Par le passé, cette race, également appelée chat de Pallas, était intensivement chassée pour sa fourrure, mais désormais, de nombreuses régions l'ont placée sous la protection de l'État, car les populations ont été décimées. On lit parfois que le manoul est l'ancêtre du chat persan, chat domestique très apprécié, qui a également le poil long. C'est faux. Le persan, comme tous les chats domestiques, est apparenté au chat sauvage *(Felis silvestris)*.

Chat des sables

NOTICE BIOLOGIQUE

Nom scientifique
Felis margarita

Sous-famille
Petits félins *(Felinæ)*

Origine
Presqu'île arabique, Moyen Orient et Afrique du Nord

Espace naturel
Zones désertiques

Taille
40 cm à 45 cm de longueur, et jusqu'à 30 cm au garrot

Poids
1,5 kg à 3,5 kg

Alimentation
Petits rongeurs, oiseaux, reptiles, mais aussi insectes et araignées

On l'appelle également chat des dunes ou chat du désert ; il possède une fourrure beige portant des motifs sombres et vit dans les zones désertiques de la péninsule Arabique, du Moyen-Orient et du Nord de l'Afrique. En outre, le chat des sables a une tête large et plate, avec des oreilles plantées très bas sur le crâne, qui dépassent à peine de la végétation dans son espace naturel, car celle-ci est rare et peu développée. Il existe peu de lieux où se cacher et le chat des sables s'aplatit sur le sol pour ne pas être vu par ses proies. Les capitons placés sous ses pattes constituent également une adaptation au terrain, car ils permettent à l'animal de se déplacer de manière très silencieuse, même si la terre est meuble.

Ils se protègent également de la chaleur parfois intense qui règne sur le sable. Le cri d'accouplement du chat des sables est très particulier et rappelle davantage un aboiement qu'un miaulement. Au terme d'une gestation d'environ deux mois, les petits ne pèsent qu'environ 50 grammes à la naissance. Ils restent environ six à huit mois avec leur mère, afin de tout apprendre sur les dures conditions de la chasse dans le désert. Au bout d'un an, ils sont aptes à se reproduire et mènent leur propre vie.

Chat à pattes noires

On pourrait croire que le chat à pattes noires est facile à reconnaître, mais cela ne se vérifie pas toujours. Il faut, dans tous les cas de figure, y regarder de plus près, car ces animaux doivent leur nom au dessous noir de leurs pattes arrière, que l'on ne voit pas au premier coup d'œil, ou pas dans toutes les positions. La fourrure présente un fond beige à roux, avec des rayures et des taches sombres, de sorte que ces félins sont bien adaptés à leur espace naturel aux sols souvent rougeâtres, sur lesquels ils se fondent sans difficulté.

Il est très difficile d'apercevoir ces animaux extrêmement discrets, mais il est cependant possible de les entendre, car ils possèdent une voix extrêmement puissante, en dépit de leur petite taille relative. Cela leur est certainement utile car les chats à pattes noires sont disséminés sur de vastes territoires peu accueillants. La taille de ces territoires leur permet de se nourrir. Toutefois, pour trouver leur partenaire à la saison des amours, ils doivent être entendus de très loin pour prendre contact avec leurs congénères. Le bout des pattes, petit et privé de coussinets épais, est assez étonnant, compte tenu du fait que ces félins vivent dans des zones désertiques.

NOTICE BIOLOGIQUE

Nom scientifique
Felis nigripes

Sous-famille
Petits félins *(Felinæ)*

Origine
Afrique du Sud et de l'Ouest

Espace naturel
Steppes sèches et zones semi-désertiques

Taille
35 cm à 50 cm de longueur, et jusqu'à 25 cm au garrot

Poids
1,5 kg à 2,5 kg

Alimentation
Surtout de petits rongeurs, mais aussi des oiseaux, de temps à autre, et de gros insectes

Chat sauvage

NOTICE BIOLOGIQUE

Nom scientifique
Felis silvestris

Sous-famille
Petits félins *(Felinæ)*

Origine
Europe, Asie centrale et Asie occidentale, ainsi que la plus grande partie de l'Afrique

Espace naturel
Forêts, steppes et déserts

Taille
55 cm à 80 cm de longueur, et jusqu'à 35 cm au garrot

Poids
4 kg à 8 kg

Alimentation
Petits rongeurs, mais aussi oiseaux, lézards, grenouilles, poissons et grands insectes

Le chat sauvage est l'une des deux seules espèces de félins originaires d'Europe centrale (la seconde est celle du lynx eurasien, *Lynx lynx*). Mais on rencontre toutefois cette espèce dans d'autres régions du monde, car son espace naturel s'étend largement sur de vastes parties des continents européen, africain et asiatique.

On distingue trois sous-espèces, qui présentent des caractéristiques très différentes. Il s'agit du chat européen *(Felis silvestris silvestris)*, que l'on trouve, comme son nom l'indique, en Europe ainsi qu'au Proche Orient, du chat sauvage africain *(Felis silvestris lybica)* que l'on observe également sur la péninsule Arabique et du chat sauvage asiatique ou chat des steppes *(Felis silvestris ornata)*, qui vit en Asie.

Le chat sauvage européen

Cet animal que l'on appelle également chat des forêts ressemble à première vue à de nombreux chats domestiques, mais il s'en distingue par plusieurs aspects. Le pelage est gris ou beige-gris, la gorge est blanche et le dos présente une rayure de couleur foncée, ainsi qu'un motif tigré un peu indistinct sur le reste du pelage. La fourrure longue et la queue touffue sont caractéristiques. Normalement, cette dernière est ornée d'un bout noir et souvent d'anneaux noirs sur la longueur. En outre, le chat sauvage est un peu plus gros que nos animaux domestiques.

Dans les biotopes appréciés par les chats sauvages, on les aperçoit fréquemment qui chassent de jour. Au crépuscule ainsi qu'au petit jour, ces chats apprécient des environnements avec une végétation dense, et il leur arrive même de chasser la nuit. Leur cadre préféré est une forêt mixte, pas trop dense. Lorsqu'ils chassent, les chats sauvages peuvent s'approcher des champs cultivés. Leur principale nourriture réside dans les petits rongeurs, mais ils mangent également des oiseaux, des lapereaux, et même des lézards, des grenouilles, des poissons et de gros insectes. La plupart du temps, les chats sauvages vivent en

solitaires sur leur propre territoire, en dehors de la saison des amours lorsqu'ils s'accouplent. Le territoire est marqué olfactivement à l'aide de glandes qui se situent sur la queue et l'anus, et les marques olfactives peuvent également servir à trouver des partenaires. Les femelles sont attirées au printemps par les mâles qui quittent souvent leur territoire à cette période de l'année pour les chercher.

Quand il y a accouplement, les femelles mettent bas, après une gestation d'environ deux mois, jusqu'à quatre chatons dans un endroit abrité et retiré. Au départ, ils sont aveugles et totalement dépendants, mais ils grandissent relativement vite. Au bout de trois mois, les chatons sont capables de se débrouiller seuls et sont alors chassés par leur mère qui a besoin de retrouver son territoire pour elle.

On a longtemps considéré les chats sauvages comme des animaux « nuisibles », et les chasseurs les prenaient pour les prédateurs de très jeunes daims, ce qui s'est révélé faux. Les chats sauvages, en effet, ne s'attaquent aux petits que lorsque ceux-ci sont très affaiblis et malades.

Actuellement, le chat sauvage, presque éradiqué en Europe centrale par le passé, est une espèce activement protégée, notamment en Allemagne, de sorte que ses effectifs ont considérablement augmenté dans certaines régions.

Le chat sauvage africain

Cette sous-espèce est à l'origine de nos chats domestiques. Elle est présente dans toute l'Afrique, à l'exception des déserts et des forêts tropicales humides, mais elle a colonisé certaines îles de la Méditerranée, notamment la Sardaigne et la Sicile. Ce chat, de couleur sable à beige foncé, est parfois roux ou brun, avec des taches, des rayures ou une robe pratiquement unie (*voir* illustration ci-contre).

Le chat africain est donc l'ancêtre de nos chats domestiques. Il a sans doute

commencé à rechercher la compagnie des êtres humains à une époque reculée, lorsque les premiers hommes ont abandonné la chasse et la cueillette pour cultiver la terre et ont commencé à stocker des récoltes de grain. Les hommes souhaitaient se protéger des souris ; les chats sauvages ont de la sorte disposé d'une riche réserve de nourriture et ont semblé conclure une sorte de pacte avec eux.

En Égypte, à l'époque des pharaons, les chats sont devenus fréquemment les compagnons des humains et ont fait l'objet d'une véritable vénération. Leur statut était si élevé qu'ils étaient embaumés à leur mort. On a trouvé dans des tombes égyptiennes des millions de momies de chats. Lors de la mise au jour d'un temple au XIXe siècle, on a même dénombré 300 000 exemplaires de ces momies en un seul endroit. Toutes ont été expédiées en Angleterre et malheureusement transformées en engrais. La vénération de l'Égypte ancienne pour les chats se reflétait également dans le fait que toute personne qui tuait un chat était elle-même passible de mort.

Quand on eut reconnu la valeur des services rendus par les félins, qui délivraient les hommes de la nécessité de se débarrasser des souris et des rats pour protéger leurs précieuses récoltes, les chats furent rapidement disséminés dans les autres régions méditerranéennes et un peu plus tard, dans le monde entier. Désormais, le chat fait partie des animaux domestiques les plus fréquemment appréciés. Toutefois, leur caractère indépendant et leur instinct de chasseur sont restés vivaces.

Le chat sauvage asiatique

Le chat sauvage asiatique ou chat des steppes est doté d'une fourrure sable ou ocre, avec des taches sombres. Cette sous-espèce est venue du Proche Orient,

puis est passée en Inde, et en Asie centrale, où ses membres apprécient surtout les steppes herbeuses et parsemées de buissons, les forêts sèches et les zones désertiques. Là, le chat sauvage asiatique se nourrit essentiellement de petits mammifères, mais dévore également des oiseaux, des lézards, des grenouilles, des reptiles, des poissons et de gros insectes.

Cette sous-espèce aux mœurs solitaires se constitue un territoire, parfois très vaste, délimité par des marques olfactives. Les femelles mettent au monde jusqu'à six petits, qui l'accompagnent quelques semaines plus tard à la chasse, et qui deviennent totalement autonomes vers l'âge de six mois, avant d'être chassés du territoire.

Chat des pampas

NOTICE BIOLOGIQUE

Nom scientifique
Leopardus colocolo

Sous-famille
Petits félins *(Felinæ)*

Origine
Sud de l'Amérique du Sud

Espace naturel
Prairies herbeuses et lisières de forêts

Taille
55 à 70 cm de longueur, et jusqu'à 35 cm au garrot

Poids
3 à 4 kg

Alimentation
Surtout des oiseaux, mais aussi des rongeurs, notamment des cochons d'Inde

L'allure de ce félin permet facilement de deviner qu'il vit dans une région dépourvue d'arbres, dans un paysage de steppes herbeuses typique de l'Amérique du Sud, que l'on appelle également la pampa. Là, il se nourrit essentielle-

ment d'oiseaux qui vivent au ras du sol, mais chasse également des cochons d'Inde et d'autres rongeurs, quand il ne se glisse pas dans les poulaillers des fermiers. Ce chat des pampas est assez court sur pattes et possède un pelage argenté, d'un gris roux ou brun, qui est souvent tacheté de noir. Toutefois, il se caractérise par sa démarche trottinante et la longueur des poils sur l'échine, qu'il ébouriffe et fait gonfler lorsqu'il se sent menacé, afin de se donner un air plus imposant.

L'Amérique du Sud abrite une autre espèce similaire qui vit dans les Andes, et que l'on appelle parfois chat des montagnes (*Leopardus jacobitus*, *voir* illustration page ci-contre), parfois aperçue à de très hautes altitudes. On le rencontre dans des régions peu accessibles, riches en reliefs rocheux, jusqu'à 5 000 m. Il se distingue avant tout du chat des pampas par la longueur de sa fourrure, qui lui permet de se protéger du froid, et par sa très longue queue touffue. Il se nourrit de petits rongeurs, notamment de chinchillas. Par ailleurs, c'est un félin devenu assez rare, et peu connu.

Ocelot

NOTICE BIOLOGIQUE

Nom scientifique
Leopardus pardalis

Sous-famille
Petits félins *(Felinæ)*

Origine
Du sud des États-Unis jusqu'en Amérique du Sud ; également à Trinidad

Espace naturel
De préférence des forêts, mais on le trouve également dans d'autres biotopes

Taille
70 à 100 cm de longueur, et jusqu'à 50 cm au garrot

Poids
11 kg à 15 kg

Alimentation
Mammifères, oiseaux et reptiles

Ce grand félin très adaptable a conquis plusieurs types d'espaces naturels, mais on le trouve communément dans les forêts. Il peut s'agir d'une forêt tropicale humide, mais également d'une forêt montagnarde sèche. En outre, l'ocelot est parfois présent dans les mangroves ou les savanes à buissons. La magnifique fourrure de ce petit félin est dotée d'une base beige à orangée, et présente des rosettes sombres ainsi que des rayures. Les rayures de chaque côté de la face et la queue à anneaux noirs sont particulièrement caractéristiques de cette espèce.

Les ocelots vivent le plus souvent au ras du sol, mais ils sont de remarquables grimpeurs et d'excellents nageurs. Ils chassent fréquemment au crépuscule, surtout des rongeurs comme des souris, des rats ou des cochons d'Inde. Mais ils s'attaquent également aux oiseaux et aux reptiles, notamment aux tortues et à certains serpents non venimeux. Les ocelots ne dédaignent pas non plus les grenouilles ou les poissons, ils vont jusqu'à attraper des crabes ou de gros insectes. Les spécimens adultes s'attaquent de temps à autre à un cervidé, à un sanglier ou à un petit singe, et visitent facilement les poulaillers des humains si ceux-ci sont installés à proximité à la recherche d'une éventuelle proie. L'ocelot est un solitaire qui marque olfactivement son territoire. Les territoires des mâles sont beaucoup plus vastes que ceux des femelles. Le recoupement de territoires dépend de l'espace naturel dont ils disposent. Le territoire d'un mâle peut couvrir environ 30 km^2, dans les biotopes où l'offre de nourriture est pléthorique, les territoires peuvent être beaucoup plus petits.

Le plus souvent, le territoire d'un mâle recoupe celui d'une femelle, ce qui a laissé croire pendant quelque temps que ces deux animaux vivaient ensemble. Toutefois, l'ocelot passe la plus grande partie de son temps seul. À la saison des amours, le mâle reste un peu près de la femelle. S'il y a accouplement, la gestation est d'environ 80 jours et la femelle met bas un à deux petits. Ils sont allaités pendant environ trois mois et restent jusqu'à la maturité sexuelle sur le territoire de la mère. Ensuite, ils sont chassés et doivent se constituer leur propre territoire pour apprendre à y survivre sans aide.

En raison de la beauté de leur fourrure, ces félins faisaient l'objet d'une chasse intensive, ce qui a contribué à fortement réduire le nombre d'individus dans certaines régions du monde. Il ne faut guère s'étonner d'apprendre, que dans les années 1970 et 1980 encore, on abattait jusqu'à 200 000 ocelots par an. Aujourd'hui, cette espèce est largement protégée, et les populations peuvent commencer à se reconstituer. Toutefois, l'espèce souffre de la réduction croissante des grandes zones forestières dans plusieurs régions d'Amérique du Sud.

Chat-tigre

NOTICE BIOLOGIQUE

Nom scientifique
Leopardus tigrinus

Sous-famille
Petits félins *(Felinæ)*

Origine
Amérique centrale et du Sud

Espace naturel
Forêts tropicales humides et forêts de montagne

Taille
45 à 55 cm de longueur, et jusqu'à 30 cm au garrot

Poids
1,5 kg à 3 kg

Alimentation
Petits mammifères, oiseaux, lézards et gros insectes

Cet animal mince, que l'on appelle ocelot tigrillo ou oncille, présente un pelage gris-beige à brun doré, avec des motifs très visibles constitué de taches foncées irrégulières, qui forment souvent des cercles ou des rosettes. La queue porte, de manière caractéristique, des anneaux noirs. Ce joli félin rôde surtout dans les forêts tropicales humides et chasse le plus souvent près du sol. Il y trouve de petits mammifères, mais apprécie aussi les oiseaux, les lézards et les gros insectes. La portée, qui comporte un ou deux petits seulement, est mise au monde au bout de 75 jours de gestation et reste plusieurs mois près de la mère. Ensuite, les jeunes tigrillos doivent se constituer leur propre territoire.

Une espèce très similaire à celle du tigrillo est celle du chat de Geoffroy (*Leopardus geoffroyi*, *voir* illustration ci-contre). Il atteint une longueur d'environ 75 centimètres et peut atteindre un poids de 8 kg, c'est-à-dire beaucoup plus que le tigrillo. Son espace naturel va de la Bolivie à la Patagonie, où on le rencontre dans des paysages semi-ouverts, comportant des falaises, et garni de buissons. Comme le tigrillo, il est très lourdement chassé dans de nombreuses régions, à cause de son beau pelage.

Margay

NOTICE BIOLOGIQUE

Nom scientifique
Leopardus wiedii

Sous-famille
Petits félins *(Felinae)*

Origine
Amérique centrale et du Sud

Espace naturel
Exclusivement dans les forêts

Taille
50 cm à 80 cm de longueur, et jusqu'à 45 cm au garrot

Poids
3 kg à 9 kg

Alimentation
Divers mammifères, mais aussi des oiseaux et des animaux amphibies

Ce félin aux lignes élancées est doté d'un pelage ocre ou doré à brun et de très jolis motifs constitués de taches et de rayures noires, ainsi que d'une longue queue. Son espace naturel s'étend du Mexique à l'Uruguay, où il habite exclusivement dans les forêts, notamment les forêts tropicales humides dans la région de l'Équateur.

Le margay, parfois appelé ocelot des arbres, fait partie des félins que l'on aperçoit effectivement très souvent sur les branches d'arbres. Il s'est remarquablement adapté à ce mode de vie, et il fait d'ailleurs partie des meilleurs grimpeurs de toutes les espèces de félins. On le reconnaît facilement, parce qu'à la différence de la majorité de ses congénères, il ne descend pas avec précaution, en mettant les pattes arrière d'abord, mais se jette la tête en avant, comme une flèche. Lorsqu'il poursuit sa proie, on le voit souvent tourner en spirale, à toute allure, sur le tronc de l'arbre. Il peut même se suspendre au-dessous d'une grosse branche.

Le joli Margay est surtout actif la nuit. Il passe la majeure partie de ses journées à dormir dans le creux d'un arbre ou sur une grosse branche. À son menu figurent surtout de petits mammifères comme des écureuils, des sarigues et de petits singes, mais il apprécie également les oiseaux et les crapauds buffles. Les femelles mettent généralement au monde un ou deux petits qui restent longtemps auprès d'elles. Au bout du compte, les jeunes margays s'en vont pour se constituer un territoire, ce qui devient de plus en plus difficile, car leur espace naturel se réduit comme une peau de chagrin en Amérique du Sud.

Serval

NOTICE BIOLOGIQUE

Nom scientifique
Leptailurus serval

Sous-famille
Petits félins *(Felinae)*

Origine
Afrique

Espace naturel
Régions marécageuses, bords de rivières à végétation dense, mais aussi dans les biotopes herbeux secs et les zones à buissons épais

Taille
60 cm à 100 cm de longueur, et jusqu'à 65 cm au garrot

Poids
9 à 18 kg

Alimentation
Mammifères de taille variable, oiseaux, reptiles, amphibiens et insectes

Cette belle race de félins a pour principales caractéristiques de grandes oreilles arrondies à leur sommet et un dos sombre, avec une tache blanche ou beige en son milieu. Le pelage est beige

clair, avec des motifs sombres, sous forme de taches et de rayures. La queue porte des anneaux noirs et le bout de la queue est également foncé.
Le serval est un félin de taille moyenne, très mince et haut sur pattes, qui aime sillonner les zones humides. Toutefois, on l'aperçoit aussi dans les steppes sèches à hautes herbes et dans les régions plantées de nombreux buissons. L'espace naturel du serval s'étend du sud du Sahara jusqu'au sud du continent africain. Toutefois, on n'en trouve pas en Afrique du Sud.
Généralement, le serval se met en chasse lorsque la nuit commence à tomber. Il apprécie particulièrement les petits mammifères, notamment les lièvres ainsi que les jeunes antilopes, mais mange également des oiseaux, des lézards et des serpents, des grenouilles, des poissons et de gros insectes. La proie est immobilisée après un saut. Le serval ne poursuit pas ses victimes comme on pourrait le croire en voyant ses longues pattes qui rappellent celles du guépard. Lorsque ce félin a localisé un animal grâce à sa vue ou à son ouïe, il peut faire un bond de plusieurs mètres afin de l'attraper.

Il arrive aussi que le serval gratte le sol et cherche à en extirper un animal qui se cache dans un trou. Ce félin nage très bien et sait grimper aux arbres, mais surtout lorsqu'il est obligé de fuir.

Le serval se crée un territoire qu'il arpente seul en dehors de la saison des amours. Souvent, les territoires se chevauchent de manière assez marquée, mais les animaux réussissent à s'éviter en s'orientant grâce aux marques olfactives. Si toutefois deux individus se rencontrent, il n'y a pratiquement jamais d'agressivité. Les chemins se séparent aussitôt.

La portée de la femelle serval, qui réunit un à trois petits, arrive à terme après une gestation d'environ soixante-quinze jours. Au départ, les petits servals sont totalement démunis et la mère doit s'occuper de sa progéniture presque constamment. Ils restent cachés pendant les cinq premières semaines de vie, au cours desquelles elle les nourrit. Petit à petit, les petits servals s'aventurent hors de leur cachette et se risquent même à accompagner leur mère à la chasse, afin d'« apprendre le métier ». Toutefois, plus tard, cette dernière devra les chasser de son territoire

Lynx canadien

NOTICE BIOLOGIQUE

Nom scientifique
Lynx Canadensis

Sous-famille
Petits félins *(Felinæ)*

Origine
Canada, Alaska et plusieurs états septentrionaux des États-Unis

Espace naturel
Forêts et toundra

Taille
65 cm à 105 cm de longueur, et jusqu'à 70 cm au garrot

Poids
10 à 20 kg

Alimentation
Mammifères de petite taille et de taille moyenne, et oiseaux

Les lynx canadiens présentent normalement une fourrure gris-brun à gris-beige, avec des zones blanches et brunes sur la gorge et le cou. Ils présentent également des toupets caractéristiques au sommet des oreilles de forme triangulaire, une queue extrêmement courte et des pattes avant et arrière de longueur différente (les pattes arrière sont plus longues que les pattes avant). Par ailleurs, ces animaux se sont remarquablement adaptés à leur espace naturel, souvent enneigé. Ils ont d'épais coussinets sous les pattes qui les protègent non seulement du froid mais facilitent aussi la course dans la neige.

Les lynx sont des animaux solitaires qui règnent parfois sur des territoires qui peuvent couvrir plus de 100 km^2. Ils sillonnent essentiellement ce territoire au

crépuscule. En hiver, toutefois, on les voit souvent en chasse de jour. Leur principale nourriture est constituée de mammifères comme des lapins, des lièvres, des écureuils gris, mais ils pourchassent aussi les petits des caribous, les jeunes cervidés, et ils mangent des oiseaux.

Au cours des longs mois froids qui se prolongent dans leur espace naturel, ils sont très dépendants du comportement des lièvres des neiges. Si, pour une raison ou pour une autre, le cheptel des lapereaux est trop maigre, les lynx sont menacés de mourir de faim. Ils se tournent certes vers d'autres proies, mais à la fin de l'hiver on en voit quelques-uns qui sont très amaigris. Dans ces cas-là, l'accouplement reste souvent sans suite, et le taux de reproduction est inférieur à la moyenne.

La saison des amours a lieu au début de l'année pour le lynx canadien. La gestation dure un peu plus de deux mois. En règle générale, il y a deux petits, et exceptionnellement, la portée peut réunir de un à six individus. Ceux-ci quittent leur cachette pour la première fois à l'âge de deux mois, puis accompagnent leur mère à la chasse quand ils sont un peu plus grands. Au début de l'hiver suivant, ils sont autonomes, et peuvent quitter le territoire maternel.

Lynx eurasien

NOTICE BIOLOGIQUE

Nom scientifique
Lynx lynx

Sous-famille
Petits félins *(Felinæ)*

Origine
Europe et Asie

Espace naturel
Forêts

Taille
80 cm à 120 cm de longueur, et jusqu'à 75 cm au garrot

Poids
15 à 35 kg

Alimentation
Mammifères pouvant aller jusqu'à la taille d'un cervidé, et oiseaux

L'espèce que l'on appelle lynx du Nord est également la plus grande race de félins européens. Elle est apparue entre les Pyrénées et jusqu'au cercle polaire, avant de s'étendre jusque sur la côte Pacifique, mais aussi vers le Nord de l'Inde et le Tibet. Toutefois, dans de nombreuses régions, et notamment en Europe centrale, elle est éteinte depuis longtemps. On a par exemple tué le dernier lynx allemand vers le milieu du XIXe siècle, mais dans les régions reculées de Suisse et d'Autriche, l'animal a survécu cinquante années de plus.

Le lynx eurasien a une fourrure rousse à brune en été et une fourrure d'hiver plus claire avec des motifs foncés. Sa principale caractéristique réside dans les « pinceaux » qui surmontent ses oreilles, la barbichette marquée qui est parfois scindée en deux parties, selon les individus, et la queue courte, qui mesure au maximum 25 cm. La fourrure est extrêmement épaisse ; elle permet à ces animaux de supporter des hivers très rudes et prolongés sous les latitudes les plus septentrionales. En outre, les épais coussinets couverts de poils, sous les pattes, aident à cheminer dans la neige sans s'enfoncer exagérément.

L'espace naturel des lynx est constitué de forêts de feuillus et de sous-bois épais. En outre, on en trouve parfois dans les landes et les marais. Dans ces endroits,

le lynx eurasien chasse de jeunes cervidés, ainsi que des lièvres et des oiseaux volant bas au-dessus du sol, comme les faisans et les perdrix. Étant donné que ces animaux font partie du gibier apprécié par les chasseurs, ces derniers ont pris ombrage de la présence de ces beaux félins, et les ont bien souvent abattus sans pitié. Par ailleurs, les lynx allaient de temps en temps voler un mouton dans un troupeau, ce qui effrayait les bergers.

En Scandinavie, il arrive encore que ces lynx s'attaquent aux rennes qui paissent en semi-liberté dans les pâturages. En Suède, dans les années 2000, pour éviter que les lynx ne soient abattus, l'État indemnisait les propriétaires de bétail pour chaque bête perdue, ou il versait une somme forfaitaire pour la protection des lynx.

En Europe centrale, on a également essayé par le passé de réacclimater le lynx eurasien. Ainsi, on a réintroduit des animaux dans les Alpes, mais aussi dans les Vosges ainsi qu'en Bohême, région dans laquelle il reste assez d'espace naturel pour les lynx. De ce fait, on trouve de nouveau des populations animales saines dans ces régions. On a également réintroduit le lynx en Allemagne dans les forêts du land de Bavière et dans un parc naturel du Harz. Toutefois, ces tentatives sont très controversées. Certes, le lynx n'est pas aussi craint que le loup ou même l'ours, mais il éveille des peurs ancestrales, et bien des gens pensent que les lynx peuvent représenter un véritable danger pour leur vie ou pour celle de leurs enfants. Aussi, les chasseurs et les agriculteurs ont protesté contre les mesures de protection, parce qu'ils pensaient que les félins risquaient de s'atta-

quer au bétail ou aux autres animaux de la ferme. Un peu partout en Europe centrale, on a vu des cas où des lynx protégés par les autorités étaient empoisonnés ou secrètement abattus.

Le territoire du lynx eurasien, qui vit en solitaire, peut présenter une taille variable. Cela dépend beaucoup de la nourriture disponible, mais aussi de la nature du terrain et de ses données topographiques. Ainsi a-t-on vu, dans les Alpes suisses, des territoires couvrant jusqu'à 450 km², alors que dans certains biotopes riches en forêts, certains animaux se contentent de 40 km². Normalement, les territoires sont délimités par des marques olfactives et parfois par des marques de griffes sur les troncs d'arbres. Les femelles possèdent des territoires nettement plus petits que ceux des mâles.

L'accouplement entre mâle et femelle a lieu dès le mois de février. À cette époque de l'année, on assiste fréquemment à des luttes entre mâles de même force pour les faveurs d'une seule et même femelle. Ce type de batailles peut parfois être sanglant. Après une gestation d'environ 70 jours, un à quatre petits viennent au monde. Comme tous les félins, ceux-ci commencent par être totalement dépendants de leur mère. Au bout de quelques mois, les petits lynx l'accompagnent à la chasse et apprennent comment se nourrir. Il s'écoule environ dix mois avant qu'ils ne quittent le territoire maternel, pour se créer leur propre pré carré.

Le lynx pardelle (*Lynx pardinus*, *voir* illustration page ci-contre), souvent appelé lynx ibérique, est similaire au lynx eurasien, bien qu'il ne se trouve qu'en Espagne et au Portugal. Les spécimens de cette espèce sont plus petits et bien plus légers que le lynx eurasien, leur fourrure est d'un gris tirant sur le jaune ou le brun, et les motifs sont brun foncé. Leur longue barbiche est particulièrement visible, et généralement plus longue que celle de leurs homologues septentrionaux. Les lynx pardelles hantent moins les forêts que leurs cousins, et préfèrent les paysages ouverts. Les lynx pardelles se nourrissent essentiellement de lapins sauvages, mais également de souris, d'oiseaux et des petits de cerfs ou de sangliers. Au cours de ces soixante dernières années, leur nombre s'est dramatiquement réduit.

Lynx roux

NOTICE BIOLOGIQUE

Nom scientifique
Lynx rufus

Sous-famille
Petits félins *(Felinæ)*

Origine
Mexique, États-Unis et sud du Canada

Espace naturel
Biotopes désertiques, bush et forêts

Taille
65 à 110 cm de longueur et jusqu'à 60 cm au garrot

Poids
5 à 15 kg

Alimentation
Surtout des mammifères de taille différente et des oiseaux

La fourrure du lynx roux se décline sur un fond beige pâle à brun, avec des motifs brun foncé à noirs, sous forme de taches et de rayures. En outre, le lynx est doté d'une barbiche et très fréquemment de toupets de poils noirs à la pointe des oreilles. Toutefois, ces poils peuvent être plus ou moins discrets, voire invisibles chez certains. Cette espèce se distingue des autres lynx par le bout de la queue foncé.

Le lynx roux chasse surtout lorsque la nuit commence à tomber ou lorsqu'il fait complètement nuit, et habite des biotopes diversifiés. Le lynx roux se sent à l'aise dans les espaces semi-désertiques situés au sud-ouest des États-Unis et au Mexique, ainsi que dans le sud du Canada, région dans laquelle les hivers sont particulièrement rigoureux, ou encore sur les pentes des montagnes Rocheuses, dans des forêts mixtes ou des forêts d'épineux, ainsi que dans la zone humide des marais de Floride.

La chasse intervient surtout au ras du sol, même si les lynx roux grimpent très bien aux arbres. Parmi leurs proies de prédilection, citons les lièvres et les lapins, mais aussi d'autres mammifères qui peuvent atteindre la taille d'un faon, des oiseaux et parfois de gros insectes. En outre, les lynx roux, qui sont d'excellents nageurs et n'ont aucunement peur de l'eau, apprécient les poissons comme mets. On les voit souvent chercher leur pitance dans les marais ou les rivières. Lorsque les lynx roux

vivent à proximité d'une population humaine, chats et chiens sont souvent leurs victimes. Ces félins s'attaquent également aux jeunes agneaux, aux chèvres ou aux poules.

Le lynx roux se constitue un territoire dont la taille correspond à ses besoins en nourriture ; il varie donc en fonction de la quantité présente des proies susceptibles d'être chassées. Dans le nord des États-Unis et au sud du Canada, il partage son espace naturel avec le lynx canadien *(Lynx canadensis)*. Et bien que ce cousin soit plus gros et plus fort que lui, il n'hésite pas à l'affronter, car il témoigne, en règle générale, d'une plus grande agressivité.

L'accouplement du lynx roux a lieu au cours des mois d'hiver ou au début du printemps. La portée comporte de un à quatre petits, exceptionnellement jusqu'à six, qui naissent au bout de 60 à 70 jours de gestation. La femelle cherche pour mettre bas et élever sa progéniture un endroit retiré, tel une caverne, un tronc d'arbre creux ou, en cas de nécessité, un buisson épais. Au départ, les petits lynx roux ne peuvent se débrouiller et dépendent totalement de

leur mère, comme beaucoup de félins venant de naître. Au bout d'un mois, les petits quittent plus fréquemment leur cachette et, dès l'âge de trois ou quatre mois, ils accompagnent leur mère à la chasse. Ils apprennent quelles sont les proies qui leur sont accessibles et quelle est la manière de les attraper. Normalement, les petits sont chassés du territoire maternel avant l'hiver. Dans certains cas exceptionnels, la mère tolère la présence des petits jusqu'au printemps, date à laquelle elle met bas. Les lynx roux font partie des félins qui ne sont pas menacés d'extinction. Ils sont donc chassés et piégés en Amérique, comme par le passé.

Chat marmoréen

Ce joli félin est appelé « petite panthère nébuleuse » en Chine et, de fait, le motif de son pelage évoque un peu celui de la « vraie » panthère nébuleuse *(Neofelis nebulosa)* qui hante les mêmes régions. Toutefois, la panthère nébuleuse est beaucoup plus grosse et plus lourde que le chat marmoréen qui ne lui est pas apparenté et ressemble davantage au chat doré asiatique *(Catopuma tempinckii)* et au chat doré de Bornéo *(Catopuma badia)*.

La fourrure du chat marmoréen est gris-brun ou beige, ou encore brun-roux, avec de grandes taches au bord noir, selon un motif qui évoque un peu celui du marbre. Nous en savons peu sur le mode de vie de ce félin très rare et discret. Sans doute ces animaux chassent-ils la nuit et poursuivent-ils surtout des rongeurs dans les arbres, notamment des écureuils, mais aussi des oiseaux, des lézards et des grenouilles.

NOTICE BIOLOGIQUE

Nom scientifique
Pardofelis marmorata

Sous-famille
Petits félins *(Felinæ)*

Origine
Nord-est de l'Inde et jusqu'en Asie du Sud-Est

Espace naturel
Surtout dans les forêts tropicales

Taille
45 à 60 cm de longueur, et jusqu'à 35 cm au garrot

Poids
2 à 6 kg

Alimentation
Sans doute de petits mammifères, des oiseaux et des reptiles

Chat du Bengale

NOTICE BIOLOGIQUE

Nom scientifique
Prionailurus bengalensis

Sous-famille
Petits félins *(Felinæ)*

Origine
Asie

Espace naturel
Surtout dans les forêts et le bush

Taille
40 à 90 cm de longueur et jusqu'à 5 cm au garrot

Poids
4 à 14 kg

Alimentation
Petits mammifères, oiseaux et lézards

Ce félin est répandu dans une zone très vaste, allant du sud-est de la Sibérie à la Corée, en passant par la Chine, l'Inde et le Pakistan, l'Indonésie et Java. Comme pour beaucoup d'espèces ainsi répandues géographiquement, on note chez celle-ci de substantielles différences d'une zone à l'autre, et une taille variable, ainsi que de nombreuses sous-espèces. Souvent, les chats du Bengale sont beige-roux ou bruns, avec des taches claires sur la face et le poitrail, et des taches brunes sur le reste du corps.

L'espace naturel typique du chat du Bengale est un biotope forestier qui peut prendre des aspects variés, notamment celui d'une forêt tropicale. En outre, on trouve ces animaux dans le bush et les espaces ouverts, ou bien en montagne. Parmi ses proies, citons les petits mammifères comme les souris ou les lapins, mais aussi des oiseaux vivant près du sol, et même des paons, qui sont pourtant capables de se défendre. Par ailleurs, on rencontre souvent les chats du Bengale à proximité des habitations humaines. Dans ce cas, ils font de nombreuses incursions dans les poulaillers, ce qui leur vaut d'être intensivement chassés dans certaines régions.

C'est surtout en Chine que l'on chasse ces jolis félins, également pour leur fourrure, vendue sous l'appellation « chat léopard ». Par le passé, on est allé jusqu'à tuer 400 000 chats du Bengale pour fabriquer des vestes et des manteaux. Cette espèce est donc devenue rare dans de nombreuses régions.

Une espèce proche est celle du chat d'Iriomote *(Prionailurus bengalensis iriomotensis)*, que l'on ne trouve que sur l'île japonaise d'Iriomote. Elle n'a été découverte qu'en 1967 et c'est l'une des espèces de félins les plus rares qui soient, leur espace naturel étant très petit, l'île ne faisant que 300 km^2 environ – et sans doute n'en existe-t-il qu'une centaine de spécimens. Ces chats très discrets ont une fourrure brune tirant sur le gris, des taches noires et des rosettes. Ils mesurent environ 60 centimètres de hauteur, vivent surtout dans les forêts, où ils se nourrissent de petits mammifères, d'oiseaux, de lézards, de grenouilles et de poissons.

Chat à tête plate

NOTICE BIOLOGIQUE

Nom scientifique
Prionailurus planiceps

Sous-famille
Petits félins *(Felinæ)*

Origine
Asie du Sud-Est

Espace naturel
Surtout les forêts, à proximité immédiate de l'eau

Taille
45 à 60 cm de longueur, et jusqu'à 30 cm au garrot

Poids
2 à 4 kg

Alimentation
Poissons et grenouilles, peut-être aussi petits rongeurs et oiseaux

À première vue, ce félin fait penser à une loutre ou à un vison, à cause de ses lignes ovoïdes et de ses pattes courtes. La fourrure du chat à tête plate est brun foncé, mais avec des reflets argentés sous certaines lumières, parce que les poils ont une pointe blanche. En outre, les zones claires sur la face et le ventre sont typiques de la race, ainsi que la tête d'aspect plat, avec les oreilles plantées bas et les deux grands yeux rapprochés. La forme de son crâne lui a valu son nom.

À l'origine, les chats à tête plate étaient présents en Thaïlande et en Malaisie, ainsi que sur les îles de Sumatra et de Bornéo, dans lesquelles ils sont toutefois restés rares. Au XXe siècle, cette population féline a reculé de manière constante, jusqu'au milieu des années 1980, période durant laquelle on a cru que l'espèce était éteinte. Cependant, au début des années 1990, on en a découvert quelques spécimens et l'on sait aujourd'hui, qu'au moins sur l'île de Sumatra et dans certaines régions de la Malaisie, le chat à tête plate survit encore en petit nombre.

Nous ne connaissons pas grand-chose des conditions de vie de cet animal particulièrement discret, mais on pense qu'il vit à proximité de l'eau, sur les rives boisées des rivières, mais aussi dans les zones marécageuses où l'on trouve beaucoup de poissons et de grenouilles. Cette supposition repose moins sur des observations que sur ses caractéristiques anatomiques, dont les dents très pointues semblent conçues pour retenir la chair glissante des animaux aquatiques. Fort probablement, ces félins chassent aussi de petits rongeurs et des oiseaux, et dévorent des crabes et des mollusques.

Chat rougeâtre

NOTICE BIOLOGIQUE

Nom scientifique
Prionailurus rubiginosus

Sous-famille
Petits félins *(Felinæ)*

Origine
Inde et Sri Lanka

Espace naturel
Biotopes secs mais se trouve aussi dans des forêts tropicales humides

Taille
35 à 40 cm de longueur, et jusqu'à 25 cm au garrot

Poids
2,0 à 2,5 kg

Alimentation
Surtout de petits rongeurs, des oiseaux, des lézards et des insectes

Le plus souvent, le chat rougeâtre ne dépasse pas 35 cm de longueur, et à ce titre, il est considéré comme le plus petit félin du monde. Sa fourrure est gris-brun avec des motifs roux, ce qui lui a valu son nom. Originaire d'Inde, le chat rougeâtre apprécie les biotopes secs comme les steppes herbeuses, le bush et les forêts sèches, mais le chat rougeâtre du Sri Lanka vit plutôt dans des forêts humides en montagne.

Les principales proies des chats rougeâtres sont les petits rongeurs qu'ils chassent le plus souvent au crépuscule et à proximité du sol. Mais celui-ci mange également des oiseaux, des lézards ainsi que de gros insectes. Cette espèce de félin chasse exclusivement sur son propre territoire, délimité au moyen de marques olfactives et ainsi protégé des intrus. Selon les dires des populations locales, on les aperçoit après de longues périodes de pluie, lorsqu'ils sortent de leur cachette pour chercher leur nourriture.

Chat pêcheur

NOTICE BIOLOGIQUE

Nom scientifique
Prionailurus viverrinus

Sous-famille
Petits félins *(Felinae)*

Origine
De l'Inde à l'Asie du Sud-Est

Espace naturel
Il vit dans divers biotopes, mais toujours à proximité de l'eau

Taille
75 à 85 cm de longueur, et jusqu'à 33 cm au garrot

Poids
8 à 14 kg

Alimentation
Poissons, animaux amphibies, reptiles, oiseaux et invertébrés

Cette espèce possède un corps particulièrement trapu, des pattes courtes et une tête allongée avec des yeux rapprochés. La fourrure est grise à gris-brun, ornée de motifs foncés. Ce chat pêcheur présente également des rayures noires sur la tête, qui courent du front jusqu'à la nuque. L'espace naturel privilégié du chat pêcheur est un paysage de mangrove ou de marais. Il s'y nourrit essentiellement de poissons et de grenouilles, mais apprécie aussi les oiseaux aquatiques, les serpents, les crabes ainsi que les gros insectes. Au cours de la chasse, il met à contribution ses formidables talents de nageur, et profite de la palmure de ses pattes. Le poisson pêcheur plonge parfois et il est capable de poursuivre sa proie sous l'eau sur une certaine distance. Il est capable de s'attaquer aux canards qui barbotent sur l'eau et d'attraper d'autres oiseaux aquatiques. Cependant, le plus souvent, le chat est assis sur une pierre, à fleur d'eau et il frappe ses proies à l'aide de ses pattes avant, puis il les tire de l'eau. Outre les poissons et autres créatures aquatiques, les chats pêcheurs n'hésitent pas à prendre de gros mammifères pour cible, et il a même été signalé qu'un chat pêcheur avait essayé, en vain heureusement, d'empor-

ter un bébé de quatre mois qui se reposait dans un jardin. En outre, ces animaux qui atteignent un poids important par rapport à leur taille, sont très combatifs. Dans un zoo, un chat pêcheur aurait tué un jeune léopard qui s'était échappé de sa cage et avait fini par échouer sur le territoire de l'audacieux félin.

Jusqu'à présent, les chats pêcheurs étaient encore relativement nombreux dans leur espace naturel d'origine, mais ces dernières années, les populations se sont considérablement réduites. Cela tient surtout au fait que les zones humides sont désormais asséchées pour être cultivées. Et comme les chats pêcheurs sont dépendants de ces biotopes, leur nombre diminue beaucoup.

Chat doré africain

Ce félin de taille moyenne, discret et encore mal connu, vit dans les forêts tropicales d'Afrique. Sa fourrure est grise à rougeâtre ou presque noire. Les joues, le menton et le bas du corps sont blancs. Certains sujets présentent aussi des taches blanches de tailles différentes. Parmi les autres caractéristiques de l'espèce, citons une tête relativement petite, des pattes longues avec une base large. Généralement, les mâles sont plus grands que les femelles.

Ces animaux vivent dans les forêts tropicales d'Afrique centrale et d'Afrique de l'Ouest, et se tiennent le plus souvent dans les arbres, sur les branches les plus grosses. Au crépuscule, les chats dorés africains chassent au sol les rongeurs, les petites antilopes et les oiseaux. Comme presque tous les végétaux et les animaux de la forêt tropicale, ce félin voit son espace naturel se réduire dangereusement, et il est désormais menacé d'extinction.

NOTICE BIOLOGIQUE

Nom scientifique
Profelis aurata

Sous-famille
Petits félins (*Felinae*)

Origine
Afrique de l'Ouest et Centrale

Espace naturel
Forêts tropicales humides

Taille
65 à 100 cm de longueur, et jusqu'à 55 cm au garrot

Poids
10 à 17 kg

Alimentation
Mammifères et oiseaux

Puma

NOTICE BIOLOGIQUE

Nom scientifique
Puma concolor

Sous-famille
Petits félins *(Felinae)*

Origine
Amérique du Nord, Amérique centrale et Amérique du Sud

Espace naturel
Forêts et steppes herbeuses, bush et biotopes secs, marais et zones semi-désertiques, jusqu'en haute altitude

Taille
1,1 m à 2,0 m de longueur, et jusqu'à 80 cm au garrot

Poids
50 à 100 kg

Alimentation
Mammifères et oiseaux

Ce grand félin est doté d'un corps allongé et de pattes très puissantes. Les pattes arrière sont nettement plus longues que les pattes avant, la tête est relativement petite et large, les oreilles accusent une forme arrondie. La fourrure peut revêtir une couleur beige sable, gris argenté ou rousse à brune. En outre, les pumas ont le poitrail et le menton blancs. Le museau est entouré de taches noires.

Certes, le puma atteint une taille équivalente à celle du léopard *(Panthera pardus)*, mais il s'en distingue clairement sur le plan anatomique et doit, de ce fait, être classé parmi les petits félins. À la différence de la plupart des grands félins, le puma est incapable de rugir, mais il sait en revanche ronronner comme les autres petits félins, et produire une infinité d'autres sons. Parfois, ses appels rappellent des chants d'oiseaux et au moment de la reproduction, les femelles poussent des cris déchirants, proches des cris humains. C'est l'une des raisons pour lesquelles les pumas sont tellement craints des hommes, alors que ces félins discrets ne se sont pratiquement jamais attaqués à eux, dans aucune contrée.

Le gigantesque espace naturel du puma, encore appelé lion des montagnes ou lion argenté, couvre tout le continent américain. Ces animaux vivent dans des paysages très diversifiés. On les trouve aussi bien dans les forêts sèches que dans les forêts tropicales humides, ainsi que dans des zones semi-désertiques du continent ou de vastes prairies herbeuses, dans des régions de marais et de biotope sec (bush). Par ailleurs, ils peuvent supporter une altitude allant jusqu'à 4 000 mètres.

Pour leur nourriture, les pumas ne sont pas une espèce difficile car ils mangent presque tout ce qui peut ressembler à une proie dans leur environnement. Lapins, rennes, ratons laveurs, castors, opossums, putois et lièvres, sans oublier les souris, les rats et les écureuils, mais également les oiseaux, les grenouilles, les reptiles ainsi que les poissons. Même les animaux comme les coyotes doivent se méfier de ces puissants félins, et il n'est pas rare de voir les individus qui vivent aux abords des côtes s'attaquer aussi aux otaries (lions de mer). Les

pumas, qui chassent normalement à la nuit tombée, jettent leur dévolu sur une proie et essaient de sauter sur son dos pour s'en saisir. La force de leurs pattes arrière permet à ces félins de grande taille de faire des bonds pouvant aller de cinq à dix mètres. La queue des pumas, agissant comme balancier, sert à assurer leur équilibre. Sous l'effet de la surprise, les victimes sont généralement paralysées.

Si la distance paraît trop grande pour n'effectuer qu'un seul saut, les pumas ne dédaignent pas le sprint et essaient de rattraper la proie. Toutefois, ils n'atteignent qu'une vitesse de 60 km/h, c'est-à-dire deux fois moindre que celle du guépard *(Acinonyx jubatus)*. Il a donc moins de succès que son élégant homologue africain.

S'il a affaire à une grosse proie, celle-ci est tuée par une puissante morsure sur la nuque et traînée vers un endroit sûr, où elle sera dévorée en toute tranquillité. S'il y a des restes et que la faim du puma est assouvie, il les enterre ou les recouvre de feuilles, de brindilles ou de pierres, pour pouvoir y revenir plus tard. Quand une femelle a des petits, elle les conduit, vers l'âge de deux mois, vers ce qui reste du cadavre, pour qu'ils puissent manger. À cette occasion, ils apprennent également quels sont les animaux qui peuvent devenir des proies. Un gibier de grosse taille, comme un élan, suffit normalement au félin pendant une semaine au moins, mais si ce dernier a entre-temps l'occasion de trouver de la viande fraîche, il abandonnera les restes. Les pumas chassent uniquement sur leur territoire, et celui-ci peut être de taille très variable. En moyenne, il couvre environ

50 km^2, mais il y a aussi des territoires atteignant 300 km^2. Lorsque la nourriture est abondante, sa superficie peut également se réduire à 5 km^2. Les limites sont marquées par des jets d'urine et des griffures sur les arbres, ce qui suffit normalement à éloigner les congénères. Si deux pumas se rencontrent, toutefois, les combats sont rares, et chacun se contente de poursuivre son chemin sans trop menacer l'autre.

À l'époque des amours, la femelle et le mâle, beaucoup plus grand, se retrouvent dans l'un des deux territoires, mais avant que n'intervienne la naissance, le mâle regagne ses pénates. Les petits, au nombre de deux à quatre (exception-

nellement, ils peuvent être six par portée) viennent au monde après une gestation qui dure environ trois mois. Les petits pumas mesurent de 20 à 30 centimètres pour un poids compris entre 300 et 500 grammes. La femelle les installe dans un endroit abrité et caché, une grotte ou une anfractuosité de rocher tapissées de mousse par exemple. Si elle ne trouve pas un tel refuge, elle se contentera d'un buisson épais. Cela dit, elle déplacera très souvent ses petits dans une nouvelle cachette, pour les soustraire à l'appétit d'autres fauves. Au départ, les jeunes pumas arborent de nombreux points sur leur pelage, qui leur permettent de se fondre facilement dans le décor. Ensuite, ces taches disparaissent. Vers l'âge de six mois au plus tard, les jeunes pumas ressemblent à leurs parents. Les animaux nés au printemps accompagnent leur mère à la chasse dès l'automne suivant, et acquièrent les connaissances nécessaires à leur survie dans la nature sauvage. En hiver, ils arrivent à prendre leurs premières proies, mais il est fréquent qu'ils restent encore une année sur le terri-

toire de leur mère. Les pumas atteignent la maturité sexuelle à l'âge d'un an et demi ou deux ans environ. Leur espérance de vie dans la nature n'excède pas quinze ans, alors que les pumas des zoos peuvent atteindre vingt ans, voire davantage.

Les pumas sont une espèce très adaptable et étaient, à une époque, extrêmement répandus dans l'hémisphère ouest, mais cette réalité appartient malheureusement à un passé révolu. Cela tient au fait que les pumas sont très souvent chassés en tant que voleurs de bétail. Par ailleurs, la réduction croissante des limites de son espace naturel a conduit à la disparition de cette espèce dans de nombreuses régions du monde, notamment

dans l'est des États-Unis, région dans laquelle ils étaient encore fréquents il n'y a pas si longtemps encore. De ce fait, les pumas sont protégés sur l'ensemble du territoire des États-Unis mais aussi au Canada, ce qui a provoqué une certaine augmentation de leur population. Toutefois, et notamment en Amérique du Sud, ces félins sont toujours chassés de manière intensive, parce qu'ils menacent les troupeaux.

Il existe de nombreuses sous-espèces de pumas, ce qui est normal si l'on considère l'étendue de leur espace naturel. Citons la panthère de Floride (*Puma concolor coryi*, *voir* illustration page ci-contre), que l'on trouve encore en très petit nombre dans les Everglades ainsi que dans certaines zones des États de l'Arkansas et de la Louisiane. Certes, il existe peu de chances pour un humain de tomber

nez à nez avec cet animal qui se fait fort discret, mais les nombreux panneaux qui mettent en garde contre eux *(« Panther crossing »)* sur les routes des Everglades notamment, indiquent que certains individus traversent les voies de communication, tout comme dans nos contrées les cerfs ou les sangliers. Et de fait, il y a de temps à autre en Floride des accidents automobiles dans lesquels des fauves perdent la vie. Voilà pourquoi quelques « tunnels pour pumas » ont été créés sous les routes à grande circulation qui traversent le territoire de ces félins en Floride, afin de les protéger.

Jaguarondi

L'espace naturel du jaguarondi s'étend du sud des États-Unis jusqu'à la Terre de Feu en Amérique du Sud, où cet animal vit surtout dans les forêts et le bush. Le jaguarondi est un félin au corps allongé se terminant par un museau assez pointu, des pattes avant assez courtes et des pattes arrière plus longues. La queue est épaisse, la fourrure d'aspect uniforme et les oreilles arrondies, de sorte qu'au premier coup d'œil, on peut le confondre avec une martre ou un vison. La couleur du pelage varie entre le roux, le brun clair ou le gris brun. Il peut aussi être complètement noir, mais au sein d'une portée, les petits peuvent avoir des couleurs totalement différentes.

Le jaguarondi apprécie les forêts tropicales en galerie, pourtant on le trouve aussi dans des biotopes de bush ou aux lisières des forêts lorsque celles-ci sont suffisamment pourvues en eau. Dans certaines régions, on peut apercevoir cet animal très discret à proximité d'agglomérations, notamment dans des rizières où ce chasseur solitaire trouve son bonheur, car les souris y sont nombreuses. Par ailleurs, il lui arrive de fréquenter les poulaillers où les proies se laissent facilement attraper parce qu'elles ne peuvent pas s'échapper, de sorte que les agriculteurs ne le portent pas dans leur cœur.

NOTICE BIOLOGIQUE

Nom scientifique
Puma yaguarondi

Sous-famille
Petits félins *(Felinae)*

Origine
Ensemble du continent américain

Espace naturel
Forêts et bush

Taille
55 à 75 cm de longueur,
et jusqu'à 35 cm au garrot

Poids
4,5 à 9,0 kg

Alimentation
Petits mammifères, oiseaux
et grenouilles

Jaguarondi

Les jaguarondis chassent surtout le soir ou aux petites heures du jour, alors qu'ils restent, de jour, blottis dans leur cachette. Ils apprécient tout particulièrement les rongeurs, les lapins et les opossums, mais ils mangent aussi des oiseaux, des reptiles, des grenouilles et même des poissons ou des fruits de mer.
La gestation des femelles est d'environ 75 jours. Naissent ensuite jusqu'à quatre petits qui, comme presque tous les bébés félins, ont d'abord une fourrure tachetée, dont le motif disparaît au bout de quelque temps.

Grands félins

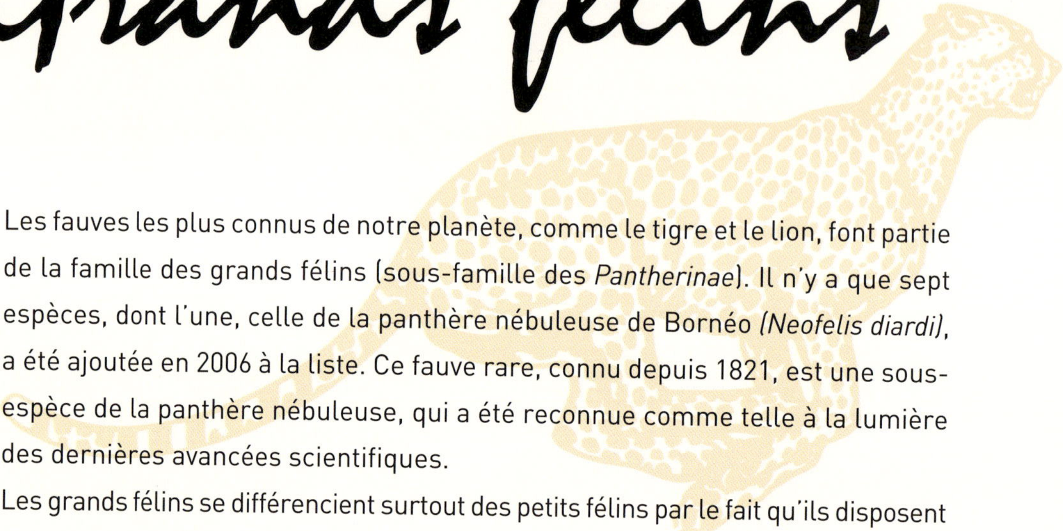

Les fauves les plus connus de notre planète, comme le tigre et le lion, font partie de la famille des grands félins (sous-famille des *Pantherinae*). Il n'y a que sept espèces, dont l'une, celle de la panthère nébuleuse de Bornéo *(Neofelis diardi)*, a été ajoutée en 2006 à la liste. Ce fauve rare, connu depuis 1821, est une sous-espèce de la panthère nébuleuse, qui a été reconnue comme telle à la lumière des dernières avancées scientifiques.

Les grands félins se différencient surtout des petits félins par le fait qu'ils disposent d'un os hyoïde totalement ossifié. Il est donc exceptionnel que les grands félins puissent ronronner, et s'ils le font, c'est seulement en inspirant. En outre, les grands félins sont majoritairement capables de rugir, ce qui n'est pas à la portée des petits félins.

Tous les grands félins sont devenus rares, de sorte que la plupart d'entre eux ne se trouvent plus que dans les régions où ils sont protégés toute l'année par les autorités locales. L'une des raisons de la spectaculaire diminution de leur nombre tient à leur espace naturel qui se rétrécit de plus en plus. Cela leur pose un grand problème, car ils ont normalement besoin d'un vaste territoire pour y trouver une nourriture suffisante. Ces animaux ont aussi été beaucoup chassés en raison de la beauté de leur fourrure et pour servir de trophées aux chasseurs, ce qui a contribué, par le passé, à la réduction massive de leurs effectifs.

Panthère nébuleuse

NOTICE BIOLOGIQUE

Nom scientifique
Neofelis nebulosa

Sous-famille
Grands félins *(Pantherinæ)*

Origine
Asie du Sud, du Sud-Est et de l'Est

Espace naturel
Surtout dans les forêts tropicales humides

Taille
60 à 110 cm de longueur, et jusqu'à 60 cm au garrot

Poids
12 à 23 kg

Alimentation
Mammifères de tailles différentes et oiseaux

On est longtemps resté peu renseigné sur ce beau fauve, sans savoir dans quel groupe d'espèce il fallait le classer, car la panthère nébuleuse présente à la fois des caractéristiques relevant des petits félins et des grands félins. Toutefois, certaines études scientifiques modernes reposant sur des méthodes de biologie moléculaire ont permis d'établir qu'il faisait partie de la famille des grands félins.

La fourrure de la panthère nébuleuse est beige et gris à beige-roux ou argentée, avec des motifs qui rappellent beaucoup ceux du chat marmoréen *(Pardofelis marmorata)*, en beaucoup plus petit. Si on les regarde de près, les motifs de cette fourrure sont irréguliers, noirs ou foncés à l'extérieur, et plus clairs à l'intérieur. Toutefois, le centre est de nouveau foncé comme la couleur de base. Sur la tête et les pattes de cette panthère, on voit également des taches plus petites, parfois accompagnées de rayures. La queue présente des anneaux foncés. Lorsque l'on voit une panthère nébuleuse assise dans l'herbe, la fourrure attire l'œil, mais si l'animal se trouve dans un arbre, l'effet de camouflage est absolument parfait.

La panthère nébuleuse se caractérise par la taille réduite de son crâne et par des canines très longues. En comparaison de sa taille, ce félin a les plus longues canines de l'espèce, qui présentent, de manière inhabituelle, un bord tranchant à l'arrière, que l'on n'a observé que chez les félins primitifs que l'on appelait félin à dents de sabre (silodon). Aussi, ses yeux de couleur jaune ont une pupille qui se rétracte en forme de fuseau, et non en point ou sous la forme d'une fente, comme chez les autres félins.
L'espace naturel de la panthère nébuleuse s'étend du sud de la Chine et du Népal à une partie de l'Inde, ainsi qu'à la Thaïlande, au Cambodge, au Vietnam, en Malaisie et en Indonésie, régions dans lesquelles on la trouve essentiellement dans les forêts tropicales humides, jusqu'à une altitude atteignant 2 000 mètres. Toutefois, on peut la rencontrer également dans des forêts de mangrove ainsi que dans le bush.

Une artiste de l'escalade

Dans des forêts souvent impénétrables, les panthères nébuleuses se mettent en chasse dans les arbres et sont parfaitement adaptées à ce mode de vie. En effet, ces panthères figurent parmi les meilleures grimpeuses de tous les félins. Comme le chat à longue queue *(Leopardus wiedii)*, celles-ci sont capables de descendre d'un arbre avec la tête en bas, alors que la plupart des autres félins descendent le long du tronc en présentant le train arrière vers le bas. Et lorsqu'il s'agit d'attraper une proie sur une branche particulièrement fine, ce grand félin est même capable de se suspendre sur une branche plus solide grâce à ses pattes arrière, afin de saisir la proie qui semblait inaccessible. Grâce à leur art

consommé de l'escalade, les panthères nébuleuses chassent même les singes (nasiques, gibbons et même de jeunes orangs-outans) qui sont connus pour se déplacer avec une grande aisance jusqu'au sommet des arbres des forêts tropicales humides. Si le félin est forcé de changer d'arbre au cours d'une poursuite, il est capable de sauter jusqu'à une hauteur pouvant atteindre cinq mètres, en se servant de sa queue pour s'équilibrer. Et parce qu'il est si bien adapté à la vie dans les arbres, on l'appelle en Malaisie « haricot ahan », ce qui signifie « léopard ou tigre des arbres ».
Outre les singes, la panthère nébuleuse apprécie toutes sortes d'autres mammifères de tailles différentes, notamment les sangliers, les écureuils, les cerfs ou les porcs-épics, qu'elle est capable d'attraper en sautant du haut d'un arbre. En outre, ce félin se nourrit d'oiseaux plus ou moins gros, et apprécie même les poissons.

Élevage des petits

Les panthères nébuleuses sont discrètes et vivent cachées. Ce sont des chasseuses solitaires qui sillonnent un territoire dont la superficie varie entre 4 et 17 km^2 et où elles ne tolèrent aucun intrus. Au moment de l'accouplement seulement, les mâles et les femelles se rencontrent brièvement. Ensuite, les deux animaux se séparent. Le mâle ne participe pas à l'élevage des petits. Ceux-ci viennent au monde au terme d'une gestation d'environ trois mois. D'après les dires d'observateurs locaux, ils naissent dans les arbres, par exemple dans un tronc d'arbre creux. Nous ne disposons toutefois pas de confirmation scientifique. Il n'en reste pas moins que les panthères nébuleuses femelles qui vivent dans les zoos préfèrent mettre bas dans un cageot en bois placé à quelques mètres au-dessus du sol.

Les petits de la panthère nébuleuse ne pèsent que 150 grammes environ lorsqu'ils naissent et ils sont incapables de se débrouiller seuls, donc totalement dépendants des soins de leur mère. Au bout de dix jours environ, la progéniture ouvre les yeux et ce n'est que vers l'âge de six semaines que les petites panthères commencent à manger de petites quantités de viande que leur mère leur apporte. Les taches de leur pelage restent un temps foncées. Au cours de leur développement, le centre des taches s'éclaircit, jusqu'à ce qu'elles présentent l'aspect typique du motif adulte.

Une espèce menacée

Malheureusement, comme tous les grands félins, la panthère nébuleuse figure sur la liste rouge des espèces en voie de disparition établie par l'UICN, car le nombre des individus de l'espèce est en recul constant. Cela tient en partie au fait que les panthères nébuleuses sont chassées, mais le recul des forêts tropicales humides est de beaucoup à mettre en cause dans cette raréfaction de l'espèce, car c'est leur espace naturel qui disparaît. Il reste à espérer que certaines grandes zones forestières seront protégées à l'avenir, ce qui permettra de sauvegarder cette espèce de toute beauté.

Originellement, les panthères nébuleuses se divisaient en de nombreuses sous-espèces, mais les dernières études modernes ont montré qu'il n'en existait pas tant que l'on croyait. Il s'avère désormais que la sous-espèce appelée précédemment *Neofelis nebulosa diardi*, repérée à Sumatra, Bornéo et Java, est une

Panthère nébuleuse

espèce à part entière. Elle possède une robe de couleur foncée et présente une rayure de mulet sur le dos. La seconde espèce, *Neofelis nebulosa*, possède trois sous-espèces (*Neofelis nebulosa*, *Neofelis nebulosa macroscélididés*, et *Neofelis nebulosa brachyurus*). Sans doute la dernière de ces trois sous-espèces est-elle éteinte.

Lion

NOTICE BIOLOGIQUE

Nom scientifique
Leo

Sous-famille
Grands félins *(Pantherinae)*

Origine
Afrique et Asie du Sud-Est

Espace naturel
Surtout les steppes et les savanes, mais aussi les forêts claires, les bush et, plus rarement, les zones désertiques.

Taille
140 à 190 cm de longueur, et jusqu'à 110 cm au garrot. Les mâles sont nettement plus grands et plus lourds que les femelles

Poids
120 à 250 kg

Alimentation
Grands mammifères

Le lion a toujours impressionné les humains. Le « roi des animaux », comme nous l'avons nous-mêmes baptisé, est un symbole universel de force, de puissance et d'en-

durance. De ce fait, les premières représentations de ce félin datent des débuts de l'histoire humaine. Une stèle de chasse datant du IIIe siècle avant J.-C., par exemple, a été découverte. Vers l'an 1800 avant J.-C., des pots et des sceaux, retrouvés dans les fondations de bâtiments antiques, portaient déjà des têtes de lion gravées. Le lion a également joué un grand rôle dans la Rome antique, et

pas seulement au cours des combats de gladiateurs. Divers généraux comme les célèbres Pompée ou Marc Antoine auraient parfois fait tirer leurs chars par un attelage de lions pour parader au Circus Maximus. Par ailleurs, le culte de la déesse Mithra, originaire de Perse, très répandu chez les légionnaires à une certaine époque dans toute la zone d'influence romaine, en faisait un symbole prédominant.

Plus tard, le lion resta le signe de la puissance et du courage au combat. De ce fait, il a figuré et figure toujours encore sur de nombreux blasons, et certains pays l'ont choisi pour figurer sur leurs armoiries. C'est le cas des royaumes de Belgique et du Danemark.

Une des raisons pour lesquelles le lion impressionne tant les hommes tient à la majesté de sa crinière de couleur beige, rousse ou brune, qui recouvre à la fois la nuque et les épaules de l'animal, et descend fréquemment jusqu'au ventre. En outre, les lions ont une voix particulièrement puissante, de sorte que leur rugissement peut devenir effrayant. La couleur de leur pelage va du beige au gris argenté ou roux, tirant parfois sur l'ocre. Le toupet noir qui termine la queue est caractéristique de l'espèce.

Un animal répandu

Jadis, on trouvait des lions dans toute l'Afrique, mais aussi dans les Balkans ainsi que dans certaines parties du Proche Orient et du sud de l'Asie. Dans le sud-est de l'Europe, il a toutefois disparu avant la fin du dernier millénaire. De même,

en Inde, on ne trouve plus aujourd'hui que quelques spécimens de lions, et uniquement dans des réserves de petites tailles. Selon les estimations, il restait en Afrique, dans les années 1980, environ 200 000 lions à l'état sauvage. De nos jours ils ne sont sans doute pas plus de 20 000. Et la plupart sont cantonnés dans des réserves situées au sud du Sahara, où ils sont protégés toute l'année.

Il est vrai que les lions vivent surtout dans des steppes ou des savanes et qu'ils s'y nourrissent d'herbivores, mais ces grands félins peuvent aussi être présents dans d'autres biotopes. On les trouve dans des régions boisées ainsi que dans certaines zones montagneuses, jusqu'à une altitude de près de 4 000 mètres.

Certains lions ont même réussi à s'adapter aux dures conditions de vie du désert. Une autre erreur consiste à croire que les lions ne savent pas grimper aux arbres. Il est vrai qu'on les voit le plus souvent à une faible hauteur, et installés sur de grosses branches, ce qui se comprend aisément, vu le poids de ces animaux. Le mâle le plus lourd qui ait jamais été pesé, accusait tout de même 272 kilos sur la balance.

L'espace naturel le moins accueillant dans lequel les lions se soient acclimatés est sans conteste la Namibie. Il s'est en effet constitué une communauté d'animaux adaptés au désert et ils s'y sentent chez eux. Pendant de nombreuses décennies, on a pu observer des lions dans les maigres paysages proches des côtes de ce pays. Mais depuis plus de deux décennies, ils se sont complètement soustraits aux regards extérieurs, ce qui a laissé penser qu'ils avaient complè-

tement disparu. Toutefois, il y a quelques années, on a soudain revu quelques spécimens qui avaient survécu dans une vallée isolée du fleuve Orange, à proximité du désert du Namib. Ce groupe est certes petit, et l'on peut craindre qu'il soit dans un avenir plus ou moins proche définitivement « rayé de la carte ». À ceci s'ajoute le fait que les lions doivent survivre dans un environnement extrêmement hostile, dans lequel la nourriture se fait rare. Les lions se trouvent parfois réduits à devoir attaquer les troupeaux des éleveurs, s'exposant donc à être tués par ces derniers. Toutefois, dans l'intervalle, on s'est efforcé de convaincre les autorités et les populations locales de protéger les rares félins qui restent, parce que ceux-ci pourraient être considérés comme une promesse de gains. En effet, il s'est avéré que dans d'autres régions d'Afrique, de nombreux touristes avaient été attirés par les caractéristiques uniques de la faune, ce qui a permis de sauver les lions promis à la destruction et de rééquilibrer leur nombre sur le continent.

La vie en communauté

Les lions se différencient des autres espèces de grands félins par le fait, notamment, qu'ils vivent en groupes, que l'on appelle encore « meute » ou « troupe ». Un groupe de ce genre se caractérise normalement par la présence de deux à trois mâles accompagnés d'une dizaine de femelles avec leurs progénitures. Il y a parfois des meutes qui peuvent atteindre jusqu'à quarante individus. Les lionnes qui sont apparentées constituent le noyau du groupe. Sont ainsi réunies

la grand-mère, la mère, la fille, les tantes et les nièces qui vivent ensemble depuis leur naissance et qui ne sont pas censées se séparer. Les lionnes étrangères ne sont aucunement tolérées au sein de la communauté : elles sont chassées, voire tuées.

Les mâles, qui ne sont normalement apparentés ni avec les autres mâles ni avec les femelles, doivent sans cesse protéger le groupe des attaques de lions errants qui cherchent à s'approprier le harem des lionnes. La plupart du temps, les mâles réussissent, au terme de nombreux efforts, à chasser tous les intrus, mais à un moment ou à un autre, ils sont obligés de céder à plus fort qu'eux. Pour la communauté, cela présente l'avantage de toujours disposer d'un mâle en pleine puissance de ses moyens, ce qui est bénéfique pour le petit groupe, mais aussi pour l'espèce tout entière.

Quand une meute est prise d'assaut par un mâle « étranger », les combats peuvent être d'une extrême violence et se solder par la mort d'un lion. Une fois chassé, le mâle perdant est confronté à un sort peu enviable, car il doit à l'avenir subvenir à ses propres besoins sans pouvoir compter sur l'aide des lionnes agiles. Il existe une structure hiérarchique au sommet de laquelle se trouve le mâle dominant. Ensuite viennent les autres mâles puis les femelles. On ignore cependant pourquoi le lion est le seul félin qui forme une meute. Mais ce dont on est certain, c'est que la chasse en commun peut être très fructueuse, ce qui permet d'élever les petits plus facilement et de se défendre plus efficacement des ennemis. Toutefois, après la chasse, il faut partager le repas, ce qui se fait dans le respect de la hiérarchie. Malgré tout, cela ne va pas toujours sans disputes, mais en règle générale, celles-ci ne sont pas sanglantes. Quand on observe

la vie d'une meute, on s'aperçoit que les animaux se frottent souvent la tête de manière mutuelle. Cela équivaut à une forme de salut ou à une embrassade. Les animaux se marquent réciproquement de leur odeur à l'aide de glandes situées de part et d'autres du museau. Il arrive que le groupe se marque également par des jets d'urine.

De manière caractéristique, les lions lèchent très fréquemment leur pelage. Leur longue langue est pourvue de papilles qui agissent sur le poil comme les dents

d'un peigne et leur permettent de retirer tous les corps étrangers qui s'y trouveraient. Cette langue rêche convient également pour retirer les filaments de viande sur les os. Puis les lions se servent même de leurs griffes pour retirer les fibres qui se seraient coincées entre leurs dents. De manière générale, la chasse est une tâche qui revient en priorité aux lionnes. Pour attraper une proie, les lions s'accroupissent et rampent vers elle, progressivement, avec de nombreux arrêts. La lionne s'approche le plus possible du gibier et se sert de tous les moyens mis à sa disposition par la nature pour se cacher d'elle. Elle peut se trouver à une distance de six mètres de la proie lorsqu'elle se décide à sauter. Elle lui inflige alors une morsure fatale au niveau de la nuque. Dans les espaces naturels qui offrent peu de possibilités de camouflage, les lionnes surgissent de plusieurs directions pour fondre sur leur victime, mais tout dépend des caractéristiques de cette dernière. Les mâles ne participent à la chasse que lorsqu'il s'agit de s'attaquer à des proies très grosses et puissantes. Même si les lionnes ont participé seules à la chasse, le butin est partagé par le groupe entier, par ordre hiérarchique, ce qui veut dire que les mâles se servent les premiers. Un lion peut avaler jusqu'à 18 kilos de viande en un seul repas. Il lui faut ensuite s'accorder une longue période de repos. Parmi les cibles privilégiées des lions, citons de grands mammifères comme les zèbres, les gnous, les impalas, les antilopes, les antilopes d'eau, les gazelles et les phacochères ou même les buffles, notamment les

plus jeunes. Mais ils ne dédaignent pas pour autant les petits rongeurs, les oiseaux, les reptiles et les animaux amphibies, voire les poissons. En outre, on a déjà vu des lions casser des œufs d'autruche pour en lécher l'intérieur, et s'attaquer à des animaux rampants qui constituent des proies faciles. S'ils disposent d'un ou de plusieurs trous d'eau à proximité, les lions vont régulièrement y boire. Le besoin d'eau peut être assouvi pendant un temps par la seule nourriture. Dans le désert du Kalahari, certains lions mangent souvent des plantes, comme le melon tsama qui est très juteux, pour étancher leur soif.

L'élevage des petits

Après une gestation de cent jours exactement, deux à quatre petits naissent. À cette occasion, la lionne s'éloigne un peu de la meute et essaie de mettre bas en se protégeant du vent, du soleil et des regards de tous les ennemis possibles. À la naissance, les lionceaux pèsent de 1 à 2 kilos, et à la différence de leurs parents, ceux-ci ont un pelage tacheté qui finit par s'unifier avec le temps. Il est très rare, chez les félins, que les nouveau-nés aient les yeux ouverts. C'est le cas des lionceaux. Toutefois, ils sont tout aussi incapables de se débrouiller que tous leurs cousins et ils doivent compter sur leur mère pour survivre.

Cette dépendance doit être prise en compte, car même si les lions sont des animaux puissants, ils ont d'innombrables ennemis, notamment les hyènes. Et parce que la tanière est souvent trahie par son odeur, la mère transporte assez souvent ses petits d'une tanière à une autre, en les saisissant par la peau du cou.

Les petits sont également soumis à un autre grand danger, celui de se retrouver en présence des jeunes mâles solitaires à la recherche d'une nouvelle meute. Si l'un d'entre eux parvenait à vaincre le mâle dominant d'une meute et à en prendre le contrôle, il commencerait normalement par anéantir toute la descendance de son prédécesseur, avant de pouvoir assurer sa propre reproduction.

Cependant, certaines femelles défendent leur progéniture, et dans ce cas, il arrive qu'elles

soient elles-mêmes tuées par ce lion. Si les jeunes mères se résignent, elles seront de nouveau fécondes quelques semaines seulement après la mort de leurs petits, et s'accoupleront avec le nouveau chef de la meute.

Après la naissance, les petits restent environ huit semaines dans leur tanière, puis se mettent à sortir de plus en plus souvent jusqu'au moment où ils sont intégrés dans la meute. Il est dit que les petits ont de meilleures chances de survie quand toutes les femelles du groupe s'occupent d'eux simultanément, ce qui n'est pas rare. Les jeunes lions sont surveillés en commun, ce qui complique la tâche d'un éventuel prédateur. Et si la mère s'occupe en priorité de sa propre portée, elle accepte que les petits d'autres lionnes viennent se nourrir à ses mamelles.
De ce fait, les petits restent en bonne santé. Même les lionnes qui n'ont pas mis bas s'occupent généralement des petits de leurs consœurs. Les lions eux-

mêmes supportent sans broncher les bousculades de leur jeune progéniture. Les gambades avec les frères et sœurs au milieu des adultes sont importantes pour les petits, car elles les préparent à une vie où la chasse jouera un rôle déterminant.

Vers l'âge de trois mois, les petits commencent à suivre régulièrement leur mère à la chasse, et à un an tout juste, ils y participent. C'est vers l'âge de seize mois seulement que les lionceaux deviennent plus autonomes et capables de se passer de l'aide des membres de leur meute. La maturité sexuelle inter-

vient seulement lorsqu'ils ont trois à quatre ans.

Les jeunes mâles sont écartés de la tribu à l'âge de deux à trois ans environ. Ils mènent pendant quelques années une vie nomade, au cours de laquelle ils finissent généralement par former un groupe avec certains de leurs frères ou avec des lions étrangers.

Un peu plus tard, ces lions essaieront d'annexer une meute en y chassant son mâle dominant. Cependant, s'ils réussissent dans leur entreprise, leur propre règne au sein de la meute n'excédera pas deux ou trois ans, car ceux-ci subiront inéluctablement le même sort que leur prédécesseur.

Tous les lions ne se ressemblent pas

On distingue sept sous-espèces chez les lions. L'une d'elles est celle du lion indien (*Leo persica*, *voir* illustration page ci-contre). Cette sous-espèce est originaire d'Asie mineure et a émigré jusqu'en Inde. Ce lion n'est pas tout à fait aussi grand que son congénère du continent africain et il possède aussi une crinière plus courte. Aujourd'hui, on trouve encore le lion indien dans le parc national du Gir, petite réserve située au nord-ouest du sous-continent indien.

Le lion berbère (*Pantera leo leo*, *voir* illustration page 215) n'existe plus dans la nature sauvage. Il s'agit de la sous-espèce la plus importante et elle s'est notamment rendue célèbre par son utilisation pour les combats de gladiateurs dans la Rome antique et aux cours des premières années de l'ère chrétienne. Les lions berbères sont originaires des montagnes de l'Atlas, en Afrique du Nord. Les derniers individus en liberté ont été aperçus au cours des années 1920. Aujourd'hui, ces grands fauves qui peuvent atteindre un poids de 225 kilos ne sont plus présents que dans les zoos, dans lesquels il ne reste d'ailleurs que très peu d'individus.

D'autres sous-espèces sont constituées par les lions d'Angola *(Leo bleyenberghi)* originaires du sud-ouest de l'Afrique, les lions du Transvaal *(Leo krugeri)* qui ont été repérés en Afrique du Sud, les lions massaïs *(Leo massaicus)* en Afrique orientale ainsi que les lions du Sénégal *(Leo senegalensis)* en Afrique de l'Ouest. Toutefois, de nouvelles études ont montré que tous les lions africains provenaient d'une seule sous-espèce originaire du sud du Sahara. Très souvent, on cite également comme sous-espèce celle du lion du Cap *(Leo melanochaitus)*, présente en Afrique du Sud. Mais à la lumière des nouvelles données dont dispose la science, il a été démontré que cette sous-espèce n'existe pas.

L'éternel conflit

Comme nous le savons déjà, le nombre des lions a spectaculairement diminué au cours des trente dernières années, chutant de 90 % pour arriver à une population actuelle de près de 20 000 individus. La situation ne cesse de s'aggraver, même si les survivants sont désormais protégés partout. De nombreux animaux sont encore abattus aujourd'hui en dehors des zones aménagées spécialement pour eux. Il faut accuser les éleveurs qui cherchent à assurer la survie de leurs troupeaux et le braconnage. Les félins en manque de proies n'hésitent plus à s'approcher des habitations humaines ni à s'attaquer aux animaux domestiques. Dans certaines régions, les agressions contre les humains se sont multipliées, notamment en Tanzanie. Cela tient notamment au fait que la population tanzanienne s'est fortement accrue, ce qui a nécessité l'augmentation des zones de culture et de pacage. L'espace naturel des bêtes sauvages, déjà menacé, n'a fait que se réduire, et la raréfaction des proies a amplifié les difficultés. Sur le territoire tanzanien, où se trouve rassemblé près d'un tiers de tous les lions africains, ces derniers entrent parfois dans les villages, menaçant les femmes et les enfants. Les habitants veulent alors se faire justice et ils abattent les grands félins. Il devient donc de plus en plus urgent de développer dans ces régions des solutions qui permettront à la fois de protéger la population et la faune sauvage. Faute de quoi, on ne pourra bientôt plus admirer « le roi des animaux » que dans les zoos ou dans les cirques.

régions des solutions qui permettront à la fois de protéger la population et la faune sauvage. Faute de quoi, on ne pourra bientôt plus admirer « le roi des animaux » que dans les zoos ou dans les cirques.

Jaguar

NOTICE BIOLOGIQUE

Nom scientifique
Onca

Sous-famille
Grands félins *(Pantherinæ)*

Origine
Amérique du Nord, Amérique centrale et Amérique du Sud

Espace naturel
Forêts tropicales humides, savanes, bush et régions humides

Taille
110 à 190 cm de longueur et jusqu'à 76 cm au garrot

Poids
36 à 160 kg

Alimentation
Mammifères de différentes tailles, mais aussi des reptiles et des poissons

Le jaguar est actuellement, après le tigre et le lion, le troisième plus grand fauve de la planète. En moyenne, ces animaux sont longs de deux mètres environ, mais on a déjà capturé des spécimens qui mesuraient (sans tenir compte de la queue) jusqu'à 240 cm de longueur. Au premier coup d'œil, l'allure des jaguars rappelle celle des léopards américains *(Panthera pardus)*, mais ils ont un corps plus puissant et une tête plus large, ainsi que des pattes particulièrement musclées.

Le jaguar possède une fourrure dont le fond est beige, roux ou brun roux. Les épaules, le dos et les flancs portent des anneaux ou des rosettes dont le milieu paraît plus sombre que le reste du pelage. La tête, la nuque, les membres et le ventre souvent plus clairs ont des motifs noirs. Le long de la colonne vertébrale, ils ont souvent des taches allongées semblant former une ligne continue.

En dehors des individus normalement colorés, on a parfois affaire à des spécimens à la robe plus foncée donnant l'impression, au premier regard, d'être entièrement noirs. Si on les observe de plus près, on s'aperçoit que leur pelage comporte aussi des motifs uniquement visibles en plein soleil. Les jaguars noirs sont très souvent appelés à tort « panthères noires ». On les rencontre dans les forêts tropicales humides, bien plus souvent que dans les espaces ouverts.

La répartition des jaguars dans les différentes zones géographiques permet de distinguer plusieurs sous-espèces, notamment la *Onca peruviana* du Pérou et la *Onca centralis* d'Amérique centrale. Les différences entre ces sous-espèces sont assez minimes, mais on pense communément que les jaguars des forêts tropicales ont une plus petite taille que ceux qui vivent en dehors de ce biotope.

Des grands félins très adaptables

Ces grands félins sont présents dans diverses régions qui s'étendent du Mexique au nord de l'Argentine. On trouvait jadis des populations réduites de jaguars au sud-ouest des États-Unis, mais le dernier spécimen a déjà été abattu vers le milieu du XIXe siècle.

Étant donné que les jaguars sont très adaptables, on les repère dans des paysages radicalement différents. Parmi eux, des forêts tropicales humides en Amazonie, où il en reste comparativement un grand nombre. Mais ces grands fauves apprécient d'autres biotopes comme le bush, la savane et même le bord de zones semi-désertiques, sur le continent. En règle générale, ces animaux restent sur les basses terres, mais on en voit quelques exemplaires dans les régions montagneuses, jusqu'à une altitude de 4 000 mètres.

Ces grands félins qui sont volontiers actifs pendant la journée aiment toutefois les biotopes riches en eau, comme les marais et les zones forestières inondées de manière saisonnière. Ces excellents nageurs chassent également des animaux aquatiques comme les crocodiles ou les tortues d'eau, et ils mangent aussi des poissons. Pour attraper ces derniers, ils se postent sur les rives ou sur un rocher au milieu de l'eau, puis attendent qu'une proie passe dans les parages. Dans ce cas, le jaguar les saisit avec ses pattes puis immédiatement avec les dents.

Étant donné que la queue du jaguar se balance souvent sous l'effet de l'excitation de la chasse, les habitants de la forêt amazonienne ont longtemps cru que le félin cherchait à attirer le poisson par ces mouvements. Il n'en est rien.

Le jaguar apprécie la chair des tortues dont il parvient à casser la dure cara-

pace à l'aide de ses dents puissantes. En effet, les jaguars ont une mâchoire particulièrement solide au regard de leur masse corporelle, la plus solide de toutes les espèces de grands félins. Quand ils réussissent à les localiser, ils croquent également les œufs des tortues. En outre, ces fauves ne dédaignent pas les oiseaux aquatiques. Mais le plus souvent, les jaguars chassent sur la terre ferme. Ils repèrent une proie et la guettent jusqu'au saut final où ils lui infligent une blessure mortelle à la gorge. Souvent, ils transpercent la chair à l'aide de leurs longues canines et fracassent le crâne par un puissant coup de mâchoires, ce qui est rarement le cas chez les autres espèces de grands félins. Les proies habituelles des jaguars sont les tapirs, les pécaris, les cerfs, les capybaras (qui sont les plus gros rongeurs du monde), les tamanoirs ainsi que les tatous, mais également de petits rongeurs comme les souris ou les rats. En outre, les jaguars dévorent aussi des reptiles, des iguanes et des oiseaux.

Généralement, les petites proies sont dévorées sur le lieu même de

la chasse, tandis que les plus grosses sont traînées dans une cachette pour y être consommées tranquillement. Les femelles qui ont des petits les emmènent souvent en ce lieu pour qu'ils puissent se nourrir eux-mêmes. Souvent, les restes sont enterrés, et les fauves y reviennent plus tard. Les jaguars sont également les rois de l'escalade. Ceux-ci se déplacent à une telle vitesse et avec une telle habileté que les singes sont souvent leurs victimes. Par ailleurs, ils s'attaquent aussi, dans les arbres, aux paresseux, aux kinkajous (de la famille des ours), ainsi qu'aux gros lézards.

Reproduction

Les jaguars sont des solitaires qui vivent dans un territoire bien délimité qu'ils marquent à l'aide de jets d'urine et de griffures sur les arbres. La taille de leur territoire varie entre 15 et 800 km^2, et il déborde parfois sur celui d'un jaguar voisin. Mais il y a peu de confrontations violentes, car les animaux ont tendance à s'éviter. À la saison des amours, le mâle et la femelle passent quelques jours ensemble dans l'un des deux territoires, et après l'accouplement, le mâle reste souvent avec sa compagne pour participer à l'approvisionnement des petits en nourriture.

Un à cinq petits naissent après une gestation d'environ cent jours. À la naissance, ils mesurent 30 à 40 cm de long et pèsent entre 800 et 900 grammes. Au bout de six semaines environ, les jeunes jaguars qui étaient totalement dépendants commencent à sortir fréquemment de leur tanière. Les premiers temps,

ils attendent que leur mère revienne de la chasse, mais plus tard, ils commencent à l'accompagner de manière régulière, jusqu'à ce qu'ils soient capables de se débrouiller seuls.

Certes, le jaguar figure depuis les années 1970 sur la liste des espèces menacées d'extinction, et il est donc activement protégé, mais ses effectifs ne cessent de se réduire. Cela tient surtout à la disparition de son espace naturel, notam-

ment à la destruction croissante des grandes forêts tropicales humides. Toutefois, ces félins souffrent aussi de l'acharnement des éleveurs de bétail qui cherchent à protéger leur cheptel et le considèrent comme un animal nuisible. En effet, les jaguars vivent désormais à proximité des humains, de manière assez fréquente. Par ailleurs, leur fourrure reste très recherchée, et un grand nombre d'entre eux sont tués pour être transformés en manteaux. Leur nombre actuel est estimé à 15 000. La plupart d'entre eux résident dans le bassin de l'Amazonie, et dans certaines régions, on en trouve encore un individu tous les 15 kilomètres carrés. Apparemment, ces animaux sont peu dangereux pour l'homme, car à la différence de ce qui se raconte à propos des lions ou des tigres, ce puissant félin ne blesse ni ne tue aucun humain.

Léopard

NOTICE BIOLOGIQUE

Nom scientifique
Pardus

Sous-famille
Grands félins *(Pantherinae)*

Origine
Afrique et Asie

Espace naturel
Forêts tropicales humides, savanes, bush, montagnes et régions semi-désertiques

Taille
90 à 190 cm de longueur et jusqu'à 75 cm au garrot

Poids
30 à 80 kg

Alimentation
Mammifères de tailles différentes

Le léopard est le plus répandu de tous les grands félins, car on le rencontre dans de vastes régions de l'Afrique et de l'Asie. Sur le continent africain, il n'est plus présent qu'au sud du Sahara, d'où il est originaire. Désormais, il semble éteint dans cette partie du continent. En Asie, on trouve encore quelques-uns de ces grands fauves au Proche-Orient, en Inde, en Chine et dans l'Himalaya, dans le sud-est de l'Asie ainsi que dans le nord de la Perse, en Afghanistan, en Anatolie et dans le Caucase. Toutefois, dans la plupart de ces régions, les effectifs sont très réduits, beaucoup plus en tout cas qu'en Afrique. Certains pays considèrent que les léopards ont quasiment disparu.

Pour ce qui concerne l'adaptation du léopard à ses différents et nombreux espaces naturels, il présente une flexibilité équivalente à celle du jaguar *(Panthera onca)*, car on peut l'observer non seulement dans les forêts tropicales humides, les savanes et le bush, mais aussi dans des régions montagneuses et même dans des zones semi-désertiques. Certes, dans les pays secs, le léopard a besoin d'un minimum de précipitations équivalant à 50 millimètres, de sorte qu'on ne le trouve pas dans les déserts comme le Sahara, où il n'y a pas d'eau du tout.

Si l'espace naturel du léopard peut varier, il en va de même pour la couleur de sa fourrure. Dans les régions semi-désertiques, elle va du crème au gris, en passant par le jaune pâle et, s'il habite la savane, elle est fréquemment rousse.

Chez les spécimens évoluant dans la forêt tropicale humide, la fourrure peut être dorée ou plus brune. Aussi, les montagnards rencontrent également souvent des animaux présentant une robe marron. Mais le motif lui-même peut changer, car il va de la rosette aux taches rondes comportant un centre plus foncé aux touffes de poils franchement noires. Sur le dos du léopard, on voit

souvent apparaître clairement le motif de la rosette de manière particulièrement régulière. Comparativement, on aperçoit également des léopards noirs que l'on appelle des « panthères noires », et qui donnent souvent naissance à une progéniture au pelage clair et tacheté. Comme chez le jaguar, ces animaux ne sont pas complètement noirs, car on peut distinguer à la lumière du jour les motifs de leur fourrure. Toutefois, ils sont peu visibles à cause de la dominante sombre du pelage. Il est très fréquent que dans l'espace naturel asiatique, on

rencontre des sujets noirs, alors qu'ils sont plutôt rares sur le continent africain. La croyance populaire veut depuis longtemps que les léopards noirs soient plus agressifs et plus dangereux que leurs congénères tachetés, mais cela ne semble nullement être le cas. Sans doute les humains ont-ils plus peur des fauves à robe noire qui leur semblent plus étranges, parce qu'ils sortent soudain de l'obscurité.

Les léopards ne partagent que rarement

Ces léopards sont des chasseurs extraordinairement habiles et patients qui parviennent facilement à s'approcher de très près de leur proie. C'est pourquoi leurs tentatives sont habituellement couronnées de succès. Ces grands félins cherchent leur proie à la nuit tombée, alors qu'ils se reposent de jour dans un arbre ou dans une cachette sûre. Cependant, dans certaines régions, on peut aussi voir des léopards se promener de jour. Leurs mets principaux se composent d'antilopes, d'autres cervidés, de phacochères ainsi que de chèvres sauvages, mais ils dévorent également les chacals, les singes (surtout les babouins), les lièvres, les rongeurs, les oiseaux, les reptiles, les poissons et même les gros insectes.

Quand ce grand fauve a tué une proie, elle lui suffit souvent pendant une semaine ou plus. Toutefois, les femelles qui ont des petits à nourrir, ont besoin de davantage de régularité dans leurs prises. Les gros animaux sont traînés dans les arbres, ce qui les met à l'abri des autres prédateurs, notamment des hyènes, mais aussi pour ralentir la putréfaction, car la viande s'abîme davantage au sol que dans les branches.

Comme les léopards sont dotés d'épaules très musclées et que leurs pattes avant sont agiles, ils sont d'excellents grimpeurs et sont capables de tirer des poids plus lourds qu'eux. On a ainsi vu un léopard hisser dans les branches d'un arbre une girafe d'un poids d'environ 125 kilos à une hauteur de près de cinq mètres, pour aller l'y dévorer tranquillement. C'est d'ailleurs dans les arbres que les léopards passent la plus grande partie de leur temps de repos, car ils sont menacés par un certain nombre de prédateurs, et même par les hyè-

nes lorsqu'elles se mettent en groupes. Une horde de chimpanzés peut également se révéler dangereuse, et les félins de petite taille doivent généralement, à la différence des lions ou des tigres, se mettre à l'abri pour ne pas risquer de blessures.

Des mâles attentionnés

Les léopards sont des solitaires qui possèdent un territoire et qui se défendent de leurs congénères. Toutefois, le territoire d'un mâle peut recouper le territoire d'une ou plusieurs femelles, quand il ne s'agit pas du même. À la saison des amours, les animaux des deux sexes passent souvent beaucoup de temps ensemble, et il n'est pas rare que le mâle participe à l'élevage des petits.

La gestation dure environ trois mois. Normalement, les femelles ont de deux à trois petits par portée, et exceptionnellement jusqu'à six. Les léopardeaux mesurent environ 25 à 35 centimètres à la naissance, et sont constamment transférés de cachette en cachette au cours des premières semaines, afin que les ennemis ne les remarquent pas. Néanmoins, la mortalité est importante, et sur l'ensemble de la portée, il n'y a bien souvent qu'un seul petit qui parvienne à la maturité sexuelle.

Vers l'âge de cinq mois, les jeunes léopards commencent à chercher eux-mêmes leur nourriture. Ils commencent normalement par attraper de petits rongeurs ou de gros insectes, puis ils accompagnent leur mère à la chasse et prennent de plus grosses proies, et apprennent à les traquer efficacement. Au bout de deux ans environ, passés sur le territoire de la mère, ils doivent devenir des chasseurs à part entière afin de pouvoir survivre dans la jungle.

Menace

Le nombre des léopards décroît régulièrement, comme celui de l'ensemble des grands fauves. Par le passé, les spécimens de cette espèce étaient surtout chassés pour leur fourrure, qui rapportait d'importantes sommes d'argent. Ainsi, durant les années 1960, dans les seuls pays de l'Est de l'Afrique, on estime que 50 000 léopards ont été abattus parce que leur fourrure était très demandée à l'époque. Les léopards servaient également de trophées et certains pays utilisaient absurdement une partie de leurs organes pour élaborer des remèdes de médecine traditionnelle. Aujourd'hui, les léopards sont en voie de lente disparition dans la plupart des espaces naturels dans lesquels ils étaient chez eux auparavant, mais cela tient davantage à la déforestation et à la raréfaction des animaux qui leur servaient de proies.

Même si les léopards sont protégés depuis plusieurs décennies, leur fourrure reste appréciée et ils sont victimes de braconnages. En outre, ils s'attaquent de plus en plus au bétail, parce qu'ils vivent plus près des êtres humains, et qu'ils ne sont pas peureux. Ils n'hésitent pas à s'attaquer à une bête qui s'écarte du troupeau ou à un chien errant.

Dans certaines régions notamment, la proximité immédiate entre les humains et les léopards provoque de plus en plus d'accidents regrettables dus aux attaques de ces fauves audacieux. L'un des cas le plus connu est certainement celui du « léopard de Rudraprayag » en Inde qui, au début du siècle dernier, s'en est longtemps prise aux pèlerins qui traversaient la région de l'Himalaya. En tout, cette bête « mangeuse d'homme » aurait tué pas moins de 125 personnes, jusqu'à ce qu'un grand chasseur ne l'abatte. On dit aussi qu'une femelle baptisée « Panar Leopard » aurait tué près de 400 hommes. La raison de ce comportement inhabituel est sans doute à chercher du côté de l'âge de l'animal, ou d'un affaiblissement dû à une blessure, qui l'empêchait de s'attaquer à ses proies habituelles.

Comme chez beaucoup de félins dont l'espace naturel est très étendu, il existe chez les léopards de nombreuses sous-espèces qui

se distinguent par exemple par la couleur de la fourrure ou par la taille. Un temps, on a dénombré plus de trente sous-espèces, mais beaucoup ne sont plus retenues actuellement, car les différences étaient trop infimes pour constituer des catégories à part entière.

Il reste aujourd'hui une vingtaine de sous-espèces reconnues par les experts, et la moitié d'entre elles sont menacées ou extrêmement menacées. Un exemple en est fourni par le léopard de l'Amour (*Panthera pardus orientalis*, *voir* illustration ci-dessous), dont on estime qu'il reste environ cinquante spécimens en liberté. Il faut donc envisager que dans un avenir proche, d'autres sous-espèces de ces beaux et grands félins en viennent à disparaître. Toutefois, il reste un peu

d'espoir d'en préserver au moins certaines dans les zones protégées d'Afrique, dans lesquelles il reste une importante population de léopards qui pourra redevenir saine.

Tigre

NOTICE BIOLOGIQUE

Nom scientifique
Tigris

Sous-famille
Grands félins *(Pantherinae)*

Origine
Asie

Espace naturel
Forêts et steppes, montagnes jusqu'à 4 000 mètres d'altitude

Taille
140 à 280 cm de longueur, et jusqu'à 110 cm au garrot

Poids
100 à 300 kg

Alimentation
Surtout de gros mammifères

Le tigre est le plus grand de tous les félins. Il est l'un des animaux que les enfants peuvent reconnaître au premier coup d'œil, car avec leur fourrure dorée à rousse ainsi que leurs nombreuses rayures, ces animaux ne peuvent pas être confondus avec d'autres. La question se pose toutefois de savoir, depuis quelques décennies, pendant combien de temps nous pourrons encore nous réjouir de voir ces fauves élégants, en liberté du moins.

L'avenir incertain des grands félins

L'espace naturel originel des tigres s'étendait jadis de la Sibérie au Sud-Est asiatique, en passant par la Chine et l'Inde, et jusque dans la chaîne montagneuse de l'Himalaya. On pouvait les y trouver dans des paysages différents, notamment dans des forêts de résineux, des régions de steppes dotées de buissons et jusque dans les forêts tropicales humides. Dans les années 1930, il y avait en Asie, selon les estimations, près de 100 000 spécimens de l'espèce, mais ensuite les chiffres se sont réduits à grande vitesse. Dix ans plus tard, déjà, la population avait été divisée par deux, et dans les années 1970, il ne restait plus de 2 000 tigres en tout.

Initialement, il y avait neuf sous-espèces de tigres dans cette vaste région, qui se distinguaient clairement par la taille, la couleur de la fourrure et ses motifs. Trois d'entre elles ont déjà disparu, et la plupart des autres sous-espèces sont devenues si rares qu'elles s'éteindront à plus ou moins long terme dans la nature sauvage. Aujourd'hui, il y a plus de tigres en captivité dans les zoos, les parcs animaliers et les cirques que dans la nature.

Certaines sous-espèces sont déjà éteintes

Parmi les trois sous-espèces de tigres qui ont disparu au cours de ces dernières décennies, il faut citer le tigre de Bali *(Tigris balica)* dont l'aire de distribution se situait sur l'île du même nom, en nombre certes limité. Les populations de ces tigres déjà peu nombreuses ont été anéanties par la chasse et la déforestation qui a commencé dès la fin du XIXe siècle et le début du XXe siècle. C'est sans doute en 1937 que le dernier spécimen de cette sous-espèce a été abattu par un chasseur. Apparemment, on aurait encore aperçu quelques animaux ensuite,

mais ces témoignages n'ont jamais été corroborés. Toutefois, même s'il subsistait encore quelques spécimens de tigres de Bali en 1937, on peut en déduire avec certitude que la sous-espèce a totalement disparu aujourd'hui.

Sur l'île indonésienne de Java se trouvait auparavant une sous-espèce des plus rare, celle du tigre de Java *(Tigris sondaica)*, qui s'est sans doute éteinte il y a vingt ou trente ans de cela. Malheureusement, nous disposons que de peu d'informations sur cette sous-espèce qui atteignait vraisemblablement un poids maximum 130 kilos et faisait partie des sous-espèces de tigres les plus petites. Les quelques rares fourrures qui nous sont parvenues montrent peu de zones blanches et une moindre quantité de rayures dans la zone des épaules et du poitrail.

Le tigre de la Caspienne appelé également tigre de Perse *(Tigris virgata)* est apparu d'abord dans de nombreuses zones d'Asie centrale, de la Mongolie à l'Anatolie, c'était la sous-espèce de tigre la plus occidentale. Son extinction totale n'est pas tout à fait certaine, mais les experts partent du principe que cette sous-espèce de taille moyenne dotée d'une fourrure ventrale très longue est désormais rayée de la carte, car il n'existe plus non plus de spécimens en captivités dans les zoos ou les réserves. Malgré la disparition très probable de ces trois sous-espèces, il existe encore six sous-espèces qui subsistent, avec un nombre de spécimens réduits, dans la nature sauvage. L'une d'entre elles est celle du tigre de Sibérie *(Tigris altaica)*.

Le tigre de Sibérie

Cette sous-espèce que l'on appelle également tigre de l'Amour ou tigre d'Ussuri, est originaire de la région du lac Baïkal et a migré vers de nombreuses zones des régions de Sibérie orientale et de Mandchourie, jusque sur la péninsule coréenne. Étant donné que ces tigres majestueux étaient, par le passé, sacrifiés par l'homme sans aucune hésitation, il ne reste plus aujourd'hui que cinq cents individus dans le territoire chinois proche de la frontière d'avec la Russie. De ce fait, cette sous-espèce est jugée gravement menacée. Et nous n'en voulons pour preuve que la présence, dans les zoos et les cirques qui courent le monde, d'un nombre de tigres de Sibérie quatre fois supérieur à celui qui se trouve dans son espace naturel d'origine. Le tigre de Sibérie peut atteindre une taille de 280 centimètres et peser jusqu'à 300 kilos. Toutefois, les spécimens aussi impressionnants sont rares, et il s'agit toujours exclusivement d'un mâle, car les femelles sont plus petites.

La fourrure de cette sous-espèce est extrêmement longue, ce qui n'est guère étonnant, car ces animaux vivent dans une région où les températures hivernales descendent jusqu'à moins 40 °C. En été, la fourrure des tigres de Sibérie est généralement rousse à brune, mais en hiver, elle s'éclaircit pour prendre une tonalité plus beige. Les nombreuses rayures noires sont également réparties sur l'ensemble du corps. Le ventre du tigre est blanc, et il existe des zones claires sur les flancs ainsi que sur la face.

Tigre

Les tigres vivent de préférence dans les forêts. Les mâles comme les femelles y constituent leur territoire, même si ce dernier est plus grand pour les mâles et s'il déborde souvent sur celui d'une ou de plusieurs femelles. Il n'est pas rare que le terrain de chasse d'un tigre avoisine les 1 000 km^2, mais en moyenne, ils couvrent plutôt 300 à 400 km^2. Parmi les cibles les plus courantes des tigres, il faut citer les sangliers, les cerfs, les chevreuils, les lièvres, les lynx et quelques rats ou souris à l'occasion, ainsi que des oiseaux, des volailles sauvages et des reptiles. Quand ils vivent à proximité des humains, il leur arrive de tuer des chiens et des animaux de la ferme. Dans ces régions, ils peuvent également agresser des humains, de sorte que les autorités de protection sont confrontées à la volonté générale de se débarrasser des grands félins.

À l'époque des amours, les mâles passent quelques jours avec les femelles, mais se séparent d'elles ensuite. Pour parvenir à trouver un mâle dans leurs immenses territoires, les femelles laissent de nombreux messages olfactifs sur leur passage. Les mâles n'ont plus qu'à les suivre. En outre, les tigres sont capables de rugir d'une voix puissante, ce qui permet de les entendre à des kilomètres à la ronde. Il leur est donc possible de prendre ainsi contact les uns avec les autres.

Au terme d'une gestation d'environ cent jours naissent jusqu'à sept petits. Mais le plus souvent, il s'agit plutôt de deux à trois. Ces derniers commencent à consommer de la viande au bout de deux mois environ. C'est la mère qui la leur apporte

dans la tanière, puis vers l'âge de huit mois, les jeunes tigres partent régulièrement à la chasse. Ils attendent l'âge de trois, voire de cinq ans pour quitter le territoire de la femelle, pour se créer leur propre domaine, ce qui devient de plus en plus difficile, compte tenu du fait que les surfaces disponibles se réduisent de plus en plus.

Le tigre du Bengale

Le tigre du Bengale ou tigre royal *(Panthera tigris tigris)* est le deuxième plus gros félin du monde. En 2011, il en restait moins de 2 500, alors qu'autrefois ils étaient beaucoup plus nombreux sur le sous-continent indien.

On en trouve désormais de petits groupes, souvent isolés les uns des autres, en Inde, au Bengladesh, au Myanmar, au Népal et au Bhoutan.

Le tigre du Bengale possède une fourrure orangée ou d'un roux doré, ornée des rayures noires caractéristiques de la race, et présente des traits communs avec le tigre de Sibérie, notamment pour la perfection de son camouflage lorsqu'il se trouve dans les hautes herbes, en train de traquer une proie.

Le ventre, les joues et le pourtour des yeux sont blancs, comme c'est le cas pour les autres sous-espèces. La nourriture du tigre du Bengale se compose également de mammifères de tailles différentes, vers lesquels il se glisse silencieusement avant de les surprendre en sautant sur eux, à six mètres de distance ou davantage. Les tigres ne font pas de bonds prodigieux mais ils nagent remar-

quablement bien. On en voit certains dans la mer, à proximité des côtes et des îles. Ils aiment visiblement l'eau et y séjournent pour se rafraîchir.
Le territoire des tigres du Bengale, dans les régions sauvages de l'Inde, couvre de 50 à 60 km^2. Il est, de ce fait, beaucoup plus petit que celui des tigres de Sibérie. Mais dans un environnement plus hostile, ces animaux ont besoin de beaucoup plus de place pour y trouver une nourriture suffisante.
Parmi les tigres du Bengale, on trouve, même dans la jungle, des sujets dont l'apparence diffère de la moyenne. Les tigres blancs sont particulièrement connus, dotés d'une fourrure très claire zébrée de rayures noires. Ils sont véritablement rares, de sorte que par le passé, ils étaient révérés et que les maharadjahs leur rendaient hommage en faisant décorer leur territoire. Aujourd'hui, on en aperçoit dans des cirques, et ils sont pratiquement élevés pour être montrés au public.
En outre, il existe quelques rares tigres entièrement blancs, dépourvus de rayures noires, souvent appelés « tigres des neiges ». Il ne s'agit pas en fait de véritables albinos, car ces animaux n'ont pas les yeux rouges, mais bleus. Outre la variante blanche, il existe des individus à la fourrure beige ornée de rayures brunes, que l'on appelle « tigres dorés ».

Autres sous-espèces

Les autres sous-espèces existantes sont le tigre du sud de la Chine *(Panthera tigris amoyensis)*, qui se trouve effectivement dans cette région, le tigre d'Indochine *(Panthera tigris corbetti)*, le tigre de Sumatra *(Pantera tigris sumatrae)* dans l'île du même nom, ou le tigre de Malaisie *(Panthera tigris jacksoni)*.

Les tigres du sud de la Chine étaient jadis répandus dans ce pays. Aujourd'hui, l'espèce est classifiée comme espèce en danger critique d'extinction. Elle est probablement éteinte à l'état sauvage.

Le tigre du sud de la Chine n'est pas aussi gros que le tigre de Sibérie ou du Bengale. La couleur de base de sa fourrure est le roux, et les rayures sont relativement écartées les unes des autres.

Le tigre d'Indochine (*voir* illustration ci-dessus) ressemble au tigre du Bengale et atteint une taille comparable. Sa fourrure est rousse à brun clair, les rayures sont relativement étroites et courtes. Selon les estimations, il reste environ 350 spécimens seulement. Dans des pays comme la Chine, la Malaisie, la Thaïlande et le Vietnam où l'on pouvait encore admirer cette sous-espèce il y a peu, les tigres d'Indochine ont pratiquement tous disparu.

Tigre

Le tigre de Sumatra (*voir* illustration à droite et à la page 275) est considéré comme le plus petit représentant d'une sous-espèce encore existante. On le trouve encore sur l'île indienne de Sumatra, où il n'a jamais été très répandu. En 2008, il restait 400 à 500 de ces magnifiques animaux dans la nature, ainsi qu'un nombre équivalent dans les zoos et les cirques du monde entier.

Le tigre de Malaisie est originaire, comme on le devine facilement, de la Malaisie. On a cru un temps qu'il s'agissait de tigres d'Indochine, jusqu'à ce que des expériences moléculaires montrent que nous avions affaire à une sous-espèce distincte. En 2013, on estimait leur nombre entre 250 et 340. Les tigres de Malaisie sont un peu plus petits que leurs cousins de Sibérie et d'Inde, et leur fourrure est généralement d'un roux doré.

Léopard des neiges

NOTICE BIOLOGIQUE

Nom scientifique
Uncia uncial

Sous-famille
Grands félins *(Pantherinæ)*

Origine
Asie du Sud, Asie centrale et orientale

Espace naturel
Biotopes de montagne

Taille
100 à 130 cm de longueur, et jusqu'à 65 cm au garrot

Poids
25 à 75 kg

Alimentation
Mammifères et oiseaux

On l'appelle aussi irbis ou once, et on ne le rencontre que dans les montagnes de l'Asie centrale ainsi que dans l'Himalaya, au-dessus de la limite des arbres. Il s'agit d'un félin de belle stature qui présente une fourrure à la base beige ou grise, avec des rosettes sombres. Cet animal ressemble un peu au léopard commun, ce qui explique son nom. Toutefois, les léopards des neiges sont un peu plus petits et un peu plus légers que leurs cousins du même nom.
L'espèce se caractérise par une fourrure extrêmement épaisse qui protège les fauves du froid régnant dans les hautes montagnes. La queue, particulièrement épaisse, sert de balancier lorsque l'animal effectue des sauts particulièrement spectaculaires, et réchauffe son corps lorsqu'il l'enroule autour de lui.

Léopard des neiges

Les grosses pattes empêchent le fauve de s'enfoncer trop profondément dans la neige et offrent un bon soutien sur les parois rocheuses à l'aspect lisse.

Dans leur espace naturel isolé, ces solitaires se constituent souvent de très vastes territoires où ils chassent des chamois, des mouflons, des marmottes et des perdrix. Dans les régions les moins favorisées, il peut chasser de jour, mais lorsqu'il se trouve à proximité d'habitations humaines, le léopard des neiges ne chasse pratiquement que la nuit. Dans ce cas, il ne se contente pas des proies sauvages, mais s'attaque aussi aux animaux de la ferme, aux moutons, aux chèvres, aux yaks et même parfois aux chevaux, de sorte que les agriculteurs n'hésitent pas à les tuer.

L'accouplement a normalement lieu à la fin de l'hiver. Après une gestation d'environ 100 jours, naissent deux à trois petits, vers la fin du printemps ou au début de l'été. Ils sont cachés dans une anfractuosité de rocher ou dans une grotte. Les petits restent environ un an en compagnie de leur mère, afin d'apprendre d'elle

tout ce qu'ils ont besoin de savoir pour survivre dans leur environnement.
Il est vrai que les léopards des neiges sont aujourd'hui protégés dans tous les pays du monde. Toutefois, leur fourrure reste très appréciée, et certaines médecines traditionnelles utilisent leurs os et leurs organes pour élaborer des remèdes dont l'efficacité paraît très discutable.
Comme nous l'avons indiqué auparavant, ces animaux sont toujours abattus parce qu'ils s'attaquent au bétail, et que les fermiers sont inquiets de les avoir dans leur voisinage. Les tueries ont surtout lieu en hiver, car c'est l'époque où les léopards des neiges quittent leur territoire où ils trouvent trop peu de nourriture, ou cherchent à se protéger des intempéries en pénétrant dans les forêts. Le fait que l'agriculture se développe est préoccupant pour la survie des grands félins. Cela ne peut que multiplier les rencontres conflictuelles entre eux et les humains.
En 2017, selon les estimations, il restait entre 2 500 et 10 000 léopards des neiges, dont la plupart vivent en Chine.

Index

Index